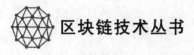
区块链技术丛书

区块链思维

高泽龙 吕 艳 著

U0290974

北京邮电大学出版社
www.buptpress.com

内 容 简 介

区块链已经上升到国家战略,全社会掀起学习区块链的浪潮。区块链将像互联网一样,逐渐成为国民经济和社会发展的基础设施。可以预见,区块链将改变我们的世界!

区块链的发展将给企业和个人提供很多机会,未来它可能会成为创业的"热土",并随之诞生多个"独角兽"企业,成为新的造富机器。区块链思维之于区块链,就像互联网思维之于互联网一样,其重要性同等重要。为此,我们致力于为读者奉上一场系统、完善、实用、可行的区块链思维的知识盛宴!本书以区块链八大思维为核心,在此基础之上扩展延伸。书中内容突出实战、系统、前沿等特征,通过顶层设计与应用落地的有效结合,系统地讲解了多中心化经济体、法治社会到数治社会、价值的形成与传输、点链面体的构建、数据所有制的形成、生态网络的自进化等。同时,在书中讲述了如何设计通证经济的模型?如何构建透明与诚信的管理体系?如何打造利益共同体?如何创造价值并进行价值分配?

我们即将打开未来商业生态和价值链之门,你准备好了吗?

图书在版编目(CIP)数据

区块链思维 / 高泽龙,吕艳著. -- 北京 : 北京邮电大学出版社,2021.1
ISBN 978-7-5635-6284-8

Ⅰ.①区… Ⅱ.①高… ②吕… Ⅲ.①区块链技术—研究 Ⅳ.①TP311.135.9

中国版本图书馆 CIP 数据核字(2020)第 269500 号

策划编辑:姚 顺 刘纳新　责任编辑:姚 顺 廖 娟　封面设计:七星博纳

出版发行:北京邮电大学出版社
社　　址:北京市海淀区西土城路 10 号
邮政编码:100876
发 行 部:电话:010-62282185　传真:010-62283578
E-mail:publish@bupt.edu.cn
经　　销:各地新华书店
印　　刷:北京玺诚印务有限公司
开　　本:720 mm×1 000 mm　1/16
印　　张:15
字　　数:219 千字
版　　次:2021 年 1 月第 1 版
印　　次:2021 年 1 月第 1 次印刷

ISBN 978-7-5635-6284-8　　　　　　　　　　定价:45.00 元

前　言

2019 年 10 月 24 日，中共中央政治局首次就区块链技术发展现状和趋势进行集体学习。习近平总书记用"四个要"为区块链技术如何给社会发展带来实质变化指明方向。

2019 年 10 月 25 日，《新闻联播》头条报道了习近平总书记关于发展区块链的指示精神。

2019 年 10 月 26 日，《人民日报》头版头条的题目是《习近平在中央政治局第十八次集体学习时强调 把区块链作为核心技术自主创新重要突破口 加快推动区块链技术和产业创新发展》。

2020 年 10 月 8 日，深圳市发放 1000 万元数字人民币红包，数字人民币试点工作开始。

自此在神州大地上，从中央到地方掀起了学习区块链的热潮，每个参与者似乎都在学习和研究如何使用区块链这种新技术，每家媒体都担任起了区块链的"普及大使"。于是，"区块链"这个词走进了大众视野，也成为实体经济、金融资本和社会舆论的关注点。如何大力推动区块链技术发展，促进区块链应用落地，更好地服务实体经济，是这场大潮中每个参与者的使命和任务。

"互联网思维"备受马云、马化腾、周鸿祎、李彦宏、柳传志等著名企业家的推崇，为无数的中小企业成功转型升级提供了强有力的支持，与此同时，"互联网＋"商业模式成为中国经济发展的新动能。"区块链思维"就像"互联网思维"之于"互联网"，从思维、模式、认知、原理和方法论等方面为区块链的成功发展助力。

区块链总体上解决了在不可信信道上传输可信信息和客观价值转移的问题，其共识机制解决了区块链在去中心化的设计和分布式场景下多节点间如何达成一致性的问题，其智能合约更加接近现实，延伸到社会生活和经济商业的方方面面。区块链还可以实现货币的虚拟化和资产的数字化。在不远的将来，实体经济会成规模地上链，越来越多的经济活动会在链上完成，可编程经济最终会成为现实。信任和价值的可编程最终也会推进可编程社会的到来。

在区块链的世界里，每一个身份和数据都是唯一的，都是清晰可寻的。这对于未来实现"万物互联"至关重要，就像互联网中有了IP地址和域名才让我们拥有了真正的互联网，两者是同样的道理。万物编码是区块链很重要的一个进步，大到社会和自然，小到个人的生活情感，都可能会被唯一映射到区块链的世界里。也可以说区块链是现实世界向数字世界大规模、更深度迁移的开始。

主体的数字化是实现未来更大范围无人化、自动化的前提。区块链为这种数据、设备、信息的自动化运行，点对点的互相控制提供了非常好的实现方案，这必将带来翻天覆地的改变。互联网将全世界的计算机和人连接起来，物联网将智能硬件接入网络，人工智能让网络、设备和软件更加智慧。那么区块链不仅让网络可以传输信息，还可以传输价值，让世界万物上链，形成无数个智慧自治的生态组织，让计算机、人、智能硬件、软件和数据等各司其职，共同对话。

区块链是包含着技术思想和哲学思想的。这意味着未来的区块链会把它的分布式计算和控制渗透到更多项目中，会深刻改变原来的组织模式、生产模式和管理模式，也会吸引生活的方方面面参与进来。区块链很可能成为继计算机、互联网、移动互联网和人工智能之后计算范式的第五次颠覆式创新。

作者在两三年前就开始以《区块链启示录——信任的机器引发的思考》为题发表公开演讲，并较早地以"区块链思维"作为主题开展专门的研究。目前探讨区块链技术的书籍有很多，但是探讨区块链思维的书却凤毛麟角，因此，我们寄希望于为读者奉上一场系统、完善、实用、可行的区块链思维的知识盛宴。

前面提到了一些关于区块链的观点和见解，后面我们将会带领读者真正进入区块链的世界。让我们在区块链知识和思想的海洋中一起畅游吧！

作　者

目　录
CONTENTS

第1章　区块链的入门知识及发展历程 ……………………………… 1

1.1　数字货币简介 ……………………………………………………… 1

1.1.1　数字货币的起源 ……………………………………………… 2

1.1.2　数字货币的运行机制 ………………………………………… 4

1.1.3　数字货币的特点 ……………………………………………… 5

1.1.4　数字货币的价值 ……………………………………………… 8

1.2　区块链技术简介 …………………………………………………… 9

1.2.1　区块链的概念 ………………………………………………… 9

1.2.2　区块链的类型 ………………………………………………… 12

1.2.3　区块链的发展历程 …………………………………………… 17

1.2.4　区块链的特征 ………………………………………………… 20

1.3　区块链的核心技术及底层结构 …………………………………… 22

1.3.1　分布式账本 …………………………………………………… 22

1.3.2 非对称加密 ⋯⋯⋯⋯⋯⋯⋯⋯⋯⋯⋯ 25

1.3.3 共识机制 ⋯⋯⋯⋯⋯⋯⋯⋯⋯⋯⋯ 29

1.3.4 智能合约 ⋯⋯⋯⋯⋯⋯⋯⋯⋯⋯⋯ 33

1.3.5 区块链的分层结构 ⋯⋯⋯⋯⋯⋯⋯ 37

1.4 区块链的核心价值 ⋯⋯⋯⋯⋯⋯⋯⋯⋯ 41

1.4.1 构建全新的信用体系 ⋯⋯⋯⋯⋯⋯ 41

1.4.2 构建全新的价值网络 ⋯⋯⋯⋯⋯⋯ 45

第2章 区块链思维入门 ⋯⋯⋯⋯⋯⋯⋯⋯⋯ 48

2.1 通证经济与链改 ⋯⋯⋯⋯⋯⋯⋯⋯⋯⋯ 48

2.2 通证经济与区块链思维 ⋯⋯⋯⋯⋯⋯⋯ 50

2.2.1 去除中间环节 ⋯⋯⋯⋯⋯⋯⋯⋯⋯ 50

2.2.2 构建社区型组织 ⋯⋯⋯⋯⋯⋯⋯⋯ 51

2.2.3 创建需求型生产方式 ⋯⋯⋯⋯⋯⋯ 51

2.2.4 创立价值共享 ⋯⋯⋯⋯⋯⋯⋯⋯⋯ 52

2.3 通证经济的法律风险提示 ⋯⋯⋯⋯⋯⋯ 53

第3章 区块链八大思维 ⋯⋯⋯⋯⋯⋯⋯⋯⋯ 55

3.1 开源思维 ⋯⋯⋯⋯⋯⋯⋯⋯⋯⋯⋯⋯⋯ 55

3.1.1 什么是开源系统？ ⋯⋯⋯⋯⋯⋯⋯ 55

3.1.2 什么是开源思维？ ⋯⋯⋯⋯⋯⋯⋯ 57

3.1.3 开源思维适用的场景 ⋯⋯⋯⋯⋯⋯ 60

3.1.4 开源思维产生的赢利模式 ⋯⋯⋯⋯ 61

3.2　共识思维 ……………………………………………… 63

3.2.1　什么是共识? ……………………………………… 63

3.2.2　消费即共识 ………………………………………… 65

3.2.3　共识思维的高级运用 ……………………………… 67

3.2.4　共识思维关注的几个问题 ………………………… 68

3.2.5　共识与客观及创新的关系 ………………………… 70

3.3　去中心化思维 ………………………………………… 72

3.3.1　什么是去中心化? …………………………………… 72

3.3.2　中心化与去中心化 ………………………………… 74

3.3.3　从互联网到区块链 ………………………………… 78

3.3.4　应用模型与场景设计 ……………………………… 81

3.4　分布式思维 …………………………………………… 83

3.4.1　分布式存储与计算 ………………………………… 83

3.4.2　从传统型企业到平台型企业 ……………………… 84

3.4.3　从平台型企业到分布式经济体 …………………… 87

3.4.4　区块链是更低成本、更大规模协作的技术 ……… 90

3.4.5　个人如何利用好分布式思维 ……………………… 91

3.4.6　自然与社会法则 …………………………………… 92

3.5　通证思维 ……………………………………………… 93

3.5.1　什么是通证? ………………………………………… 93

3.5.2　通证思维适用的场景 ……………………………… 94

3.5.3　构建低成本的信用 ………………………………… 99

3.5.4　通证所有制企业的示例 …………………………… 100

3.6　数字治理思维 ·· 102

3.6.1　数字组织的产生 ··· 103

3.6.2　数字治理模式范例 ······································ 104

3.6.3　数字组织的运行示例 ··································· 105

3.6.4　EOS核心仲裁法庭 ····································· 108

3.6.5　去中心化的司法机关示例 ····························· 110

3.6.6　数字管理的未来 ··· 113

3.7　价值思维 ··· 114

3.7.1　价值新主张 ··· 114

3.7.2　社群、信仰与价值 ······································ 117

3.7.3　价值、货币与信用 ······································ 118

3.7.4　确权产生价值 ··· 118

3.7.5　切分蛋糕的利器 ··· 119

3.7.6　价值的黑洞效应 ··· 122

3.8　合约思维 ··· 124

3.8.1　智能合约代替传统契约 ·································· 124

3.8.2　合约成为未来世界的必然 ······························ 125

3.8.3　再看合约、代码与机器 ·································· 127

3.8.4　两个世界与两种思维 ···································· 128

3.8.5　合约思维带来的红利 ···································· 130

3.8.6　合约与人工智能 ··· 132

第4章　区块链思维的应用落地 ······························ 134

　4.1　区块链＋金融科技 ································· 135

　　4.1.1　数字货币 ······························· 136

　　4.1.2　跨境支付与结算 ························ 136

　　4.1.3　供应链金融 ··························· 137

　　4.1.4　票据业务 ····························· 139

　　4.1.5　客户征信 ····························· 142

　4.2　区块链＋数字身份 ································· 143

　　4.2.1　传统数字身份的痛点 ···················· 145

　　4.2.2　区块链＋数字身份的优势 ················· 145

　　4.2.3　区块链＋数字身份的应用 ················· 146

　4.3　区块链＋政府 ································· 148

　4.4　区块链＋版权保护 ······························· 150

　4.5　区块链＋能源 ································· 152

　4.6　区块链＋共享经济 ······························· 154

　4.7　区块链＋公益慈善 ······························· 155

　4.8　区块链＋医疗健康 ······························· 158

　　4.8.1　医疗服务 ····························· 159

　　4.8.2　药品防伪 ····························· 160

　　4.8.3　医疗保险 ····························· 162

　4.9　区块链＋文化娱乐 ······························· 163

　4.10　区块链＋防伪溯源 ······························· 165

4.11　区块链＋其他 ………………………………………… 167

4.11.1　北京市空港国际物流区块链平台 ……………… 167

4.11.2　浙江省市场监管区块链电子取证平台 ………… 168

4.11.3　上海市利用区块链建设可溯源的建筑诚信体系 ………… 169

第 5 章　中国区块链的发展态势 ……………………………… 170

5.1　关于区块链的重要讲话精神 …………………………… 170

5.2　如何正确理解讲话精神 ………………………………… 172

5.3　区块链思维的经典案例——中国央行数字货币 ……… 177

5.3.1　央行数字货币的发展历程 …………………… 177

5.3.2　使用央行数字货币的好处 …………………… 179

5.3.3　央行数字货币的双层运营体系 ……………… 180

5.3.4　央行数字货币可以成为 M0 的替代 ………… 181

5.3.5　UTXO 模型 …………………………………… 182

5.3.6　全球央行数字货币态势 ……………………… 183

5.3.7　电子货币、虚拟货币、数字货币的区别 …… 184

5.4　阿里巴巴的区块链 ……………………………………… 185

5.5　百度的区块链 …………………………………………… 186

第 6 章　国际区块链的发展态势 ……………………………… 190

6.1　IBM 及微软的区块链技术表现 ………………………… 190

6.2　以太坊——可编程数字货币的巨无霸 ………………… 192

6.3　Facebook 参与主导的 Libra ……………………………… 194

6.4 德国的区块链战略 ·· 195

第 7 章 用区块链思维拥抱未来 ····························· 198

7.1 区块链与可编程社会 ·· 198

　　7.1.1 人类正在加速进入数字世界 ························· 198

　　7.1.2 万物编码,开创新维度 ···························· 199

　　7.1.3 改变生产关系和权益分配机制 ····················· 199

　　7.1.4 带来社会经济的深度变革 ························· 200

　　7.1.5 可编程社会 ··································· 201

　　7.1.6 区块链的未来 ································· 202

7.2 区块链思维引领区块链产业高速发展 ····················· 204

附录 1 区块链大事件 ······································ 207

附录 2 中华人民共和国密码法 ······························ 217

第1章
区块链的入门知识及发展历程

1.1 数字货币简介

2019 年 8 月 2 日，我国央行在 2019 年下半年工作电视会议上表示将加快推进法定数字货币的研发步伐；同年 8 月 10 日，央行支付结算司副司长穆长春在"第三届中国金融四十人伊春论坛"上表示："央行数字货币可以说是呼之欲出了。"央行要发行的数字货币 DCEP（Digital Currency Electronic Payment）在法律上和人民币具有相同地位，并已经进入闭环测试阶段。这意味着全世界第一个由主权国家发行的真正数字货币即将诞生。

传统意义上的数字货币是一种不受管制、数字化的虚拟货币，通常由开发者发行和管理，被特定虚拟社区的成员所接受和使用。欧洲银行业管理局将数字货币定义为：价值的数字化表示，不由央行或当局发行，不与法币挂钩，但由于被公众所接受，所以可作为一种支付手段，也可作为电子形式的转移、存储或交易。

我们在书中会兼顾传统数字货币和我国央行数字货币进行讲解，如果没有专门标注说明，本书所述则默认为传统意义上的数字货币。传统数字货币由于不受法律的认可和保护，存在很大的投资风险。因此，本书仅从学术研究的层面进行介绍和探讨。传统数字货币和我国央行数字货币在某些方面，尤其是在思想、原理和技术方面有类似之处，了解传统数字货币有助于了解央行主权数字货币，更有助于了解区块链。

1.1.1　数字货币的起源

说到区块链，必须要从比特币说起。了解比特币的相关知识，将有助于我们更深刻地掌握区块链的精髓。

2008 年 11 月 1 日，一个自称中本聪的人在一个隐秘的密码学评论组上贴出了一篇研究论文《比特币：一种点对点的电子现金系统》，陈述了他对电子货币的新设想。2009 年 1 月 3 日，比特币的首笔交易完成，比特币就此面世。比特币用分布式账单摆脱了第三方机构的制约，中本聪将此称之为"区块链"。有意思的是用户乐于奉献出自家 CPU 的运算能力，通过运转一个特别的软件来做一名"挖矿工"，共同构成一个网络来保持"区块链"的运转。在这个过程中，他们会生成新的货币，买卖也在这个网络上延伸，运转这个软件的计算机可以破解不可逆的暗码难题，第一个成功处理难题的"矿工"会得到相应的比特币奖赏，相关买卖区域加入链条。随着"矿工"数量的增加，每个难题的艰难程度会随之加深，这使每个买卖区的比特币生产率大约保持在 10 分钟一枚。

比特币网络通过"挖矿"来生成新的比特币。所谓"挖矿"，实质上是用计算机解决一种基于加密哈希算法的数学难题，来保证比特币网络分布式记账系统的一致性。随后，比特币网络会新生成一定量的比特币作为赏金，奖励获得答案的人。比特币总量恒定，最多可以发行 2 100 万枚。

比特币在最初诞生的时候，每笔赏金是 50 枚比特币。诞生 10 分钟后，第一批 50 枚比特币生成了，而此时的货币总量就是 50。随后比特币就以约每 10 分钟 50 枚的速度增长。当总量达到 1 050 万（也就是总量 2 100 万的一半）的时候，赏金减半为 25 枚。当总量达到 1 575 万（也就是总量 2 100 万的四分之三）的时候，赏金再减半为 12.5 枚。

根据中本聪的设计思路，比特币必须基于开源软件及建构其上的 P2P 网络。与大多数货币不同的是，比特币不依靠特定货币机构发行，它依据特定算法，通过大量的计算产生。比特币经济使用整个 P2P 网络中众多节点构成的分布式数据库来确认和记录所有的交易行为，并且使用密码学的设计来确保货币流通至各个环节的安全性。P2P 的去中心化特性与算法本身可以确保无法通过大量制造比特币来进行人为操控币值。基于密码学的设计可以使比特币只能被真实的拥有者转移或支付，同样确保了货币所有权与流通交易的匿名性。比特币与其他虚拟货币最大的不同，在于其总数量非常有限，具有极强的稀缺性。

比特币是一种独立于传统货币体系之外的电子货币，已经成为若干新兴数字货币中的佼佼者。这种虚拟货币建立在一个解决复杂数学问题的计算机网络基础上，在这个过程中会验证并永久记录下每一笔比特币交易的细节。传统货币由央行决定发行数额，实现控制通胀等目的。与此不同的是，比特币的供应不归权威机构管理。如同其他大宗商品一样，比特币的价值取决于人们对它的信心。

点对点的传输意味着一个去中心化的支付系统，这种传输方式具备了去中心化、全球化和匿名性等特性。向地球的任何端转账比特币，就像发送电子邮件一样简单，没有任何限制。因此比特币被用于跨境贸易、支付、汇款等领域。

2020 年，比特币诞生 11 周年。据统计，比特币已成为一个在全球有着数百万用户、数万商家接受付款，市值超千亿美元的货币系统，实际上，真实市值可能比这个还要更高。

在数字加密货币家族中，以太坊以太币也为专用的加密货币，长期市值排名第二，仅次于比特币。在 2013 至 2014 年间，以太坊的概念由程序员 Vitalik Buterin 受比特币启发后首次提出，大意为"下一代加密货币与去中心化应用平台"，2014 年通过 ICO 众筹得以发展。

1.1.2 数字货币的运行机制

比特币开创了去中心化密码货币的先河。作为一种前所未有的新型货币，比特币经历了无数的市场考验和技术攻击，始终屹立不倒。这很好地检验了区块链技术的可行性和安全性。事实上，比特币的区块链是一套分布式的数据库，如果在其中加进一个符号——比特币，并规定一套协议使得这个符号可以在数据库上安全地转移，并且无须信任第三方，那么这些特征的组合完美地构造了一个货币传输体系——比特币网络。

然而，比特币存在诸多问题和局限，扩展性不足便是其中之一。比特币网络里只有一种符号——比特币，用户无法自定义另外的符号，比如符号可以代表公司的股票，或者是债务凭证等，这样就损失了一些功能。另外，比特币协议里使用了一套基于堆栈的脚本语言。这种语言虽然具有一定的灵活性，可以实现像多重签名这样的功能，然而却不足以构建更高级的应用，比如去中心化交易所等。于是，以太坊应时而生，从设计层面就是为了解决比特币扩展性不足的问题。

上面较多地介绍了比特币，下面着重介绍以太坊的运行机制。以太坊是一个"以太币网络"，它为用户提供各种模块来搭建应用，如果将搭建应用比作造房子，那么以太坊就好比提供了砖墙、瓦砾、梁栋、地板等模块，用户只需像搭积木一样把模块搭起来。因此，在以太坊上建立应用会大大降低成本和提高速度。以太坊通过一套 EVM 语言（Ethereum Virtual Machinecode）

来搭建应用。EVM 是图灵完备的脚本语言，类似于汇编语言。以太坊里的编程并不需要直接使用 EVM 语言，而是使用类似于 C、Python、Lisp 等高级语言，通过编译器转成 EVM 语言，这与使用 C++、JAVA 等语言编程最终会被转换成汇编语言是同样的道理。

合约是以太坊的核心，存在于区块链上，是可以被触发执行的一段程序代码。这段代码实现某种规定的规则，是存在于以太坊执行环境中的"自治代理"。存有合约代码的账户被称为合约账户。合约账户有自己的以太币地址，当用户向合约的地址发送一笔交易后，该合约就被激活。合约代码被激活后在完全自动的情况下被执行，最后返回一个结果，这个结果可能是从合约的地址发出的另外一笔交易，这整个过程通常瞬间完成。

合约所能提供的业务，几乎是无穷无尽的，它的边界就是你的想象力。因为图灵完备的语言提供了完整的自由度，让用户可以搭建各种应用。

和任何的区块链一样，以太坊包含了一个点对点的网络协议（这也是目前区块链网络速度较慢的原因）。以太坊区块链是被连接着这个网络的各个节点维护和更新的，网络中的各个节点的虚拟机都执行相同的指令来共同维护区块数据库，因而，以太坊有时候也被称为"分布式计算机"。

我们可以把区块链理解为全球共享的分布式事务性数据库，以太坊全网的大规模并行计算虽没有提升计算效率，却保证了全网的数据一致性。实际上，在以太网上的运算要比传统的电脑慢得多，成本也昂贵得多，但全网中的每一台虚拟机的运行了确保全网数据库的一致性。

1.1.3 数字货币的特点

1. 数字货币是加密、匿名性的货币

数字货币是建立在基于密码学的安全通信上的（也就是非对称加密、数

字签名等技术），比如比特币的区块哈希算法采用双重 sha256 算法，使用 POW（Proof of Work，工作量证明）共识机制来确保货币流通环节的安全性，确保无法进行双花（Double Spending，双重支付，是指一笔数字现金在交易中被重复使用的现象）。那么，基于密码学的设计可以使数字货币只能被真实的拥有者转移或支付。

同时，在数字货币中，你拥有这些货币的唯一凭证就是你所掌握的密钥，系统只会对你的密钥进行验证而不会获取关于你的任何信息，你的任何操作都是匿名的，这样就非常安全。

2. 数字货币是可编程的货币

数字货币运行于区块链或分布式账本系统上。它和运行于金融机构账户系统上的电子货币的显著区别是区块链分布式账本赋予它的可编程性。

电子货币在金融机构账户上表现为一串串数字符号，交易是账户之间数字的增减。数字货币在分布式账本上表现为一段段计算机代码，交易是账户或地址之间计算机程序与程序的交换。区块链的可编程性使得人们可以编制智能合约，一旦双方或多方事先约定的条件达成，计算机将监督合约自动执行，任何人都不可能反悔。可编程性不但让央行拥有了追踪货币流向的能力，还拥有了精准执行货币政策、精准预测市场流动性的超级能力，这在没有区块链和数字货币之前是不可能的。同时，可编程性也能让金融交易变得自动化，省去金融机构庞大的后期结算业务的中后台部门，甚至让很多金融交易可以实时清算。这无疑极大地提升了金融交易的效率，提高了资金周转速度，削减了运营成本。

我们后面会对中国人民银行（央行）发行的数字货币做专门的解读，不久的将来，我们每个人都可能会用到数字货币，这并不遥远。

3. 数字货币是去中心化自治的货币

这个比较容易理解，数字货币的基础——区块链的特点就是去中心化。区块链通过一系列数学算法建立一整套自治机制，使得人们不需要中介机构的帮助就可以自由而安全的做到点对点的货币转移，并由参与者自发而公平的完成货币的发行。外部任何机构都无权利，也无法关闭它，数字货币不受任何国家、政府机构以及央行的管控。

但实际上这只是一种理想状态，目前不少数字货币做不到完全的去中心化，并且在该不该完全去中心化这个问题上还存在着不小的争执。

有人认为去中心化的效率实在是太低，完全去中心化是混乱的开始，这个世界需要中心化机构来提高效率；有人认为不去中心化的数字货币是没有意义的，数字货币创造的初衷就是为了防止银行等中心作恶掠夺财富，私人财产是神圣的，数字货币最重要的就是安全性和去中心化防止作恶，效率倒是次要。

4. 数字货币的运行基础是分布式网络

数字货币的本质是一个互相验证的公开记账系统，这个系统所做的事情，就是记录所有账户发生的所有交易。每个账号的交易都会记录在全网总账本（区块链）中，而且每个人手上都有一份完整的账本。以比特币为例，每个人都可以独立统计出比特币有史以来每个账号的所有账目，也能计算出任意账号的当前余额。任何人都没有唯一控制权，系统稳定而公平。

数字货币的交易一经确认，将被记录在区块链中，之后就无法撤销及改变。这意味着任何人，不管是不法分子、商家、银行，都不可以通过删除或修改交易记录的方法来进行诈骗。但如果你把数字货币汇给了骗子当然也无法取回，所以在交易时要小心谨慎。

5. 数字货币可以价值传输

互联网的电子货币只能做信息的传递而无法做价值的传递，比如支付宝在进行账户数字的加减之后，实际货币的结算可能在 24 小时甚至一个月之后进行，这样，价值传递是脱离信息的传递滞后的，因此严重依赖于整个中心的运作。

数字货币网络中每一笔转账，本身就是价值的转移。数字货币本身是完全虚拟的，它代表的是价值的使用权，而转账就是对价值的使用权进行再授权。基于区块链的可溯源结构，每一枚"币"被发行出来以后价值的流转过程都非常清晰。

6. 数字货币使得支付便捷

数字货币不受时间和空间的限制，能够方便快捷且低成本的实现境内外资金的快速转移，整个支付过程更加便捷有效。以货币跨境转汇为例，传统货币转汇境外需要通过银行机构严苛、复杂、漫长的手续，如金融电信协会的业务识别码、特定收款地的国际银行账户号码等。从支付开始到全部手续完成，最终收款方到账一般需要 1—8 个工作日，并且需要支付较高的手续费。而数字货币则能实现境外转汇的低成本便捷化服务，比如比特币或者以太坊转账，很快就可以完成。

数字货币所采用的区块链技术具有去中心化的特点，不需要任何类似清算中心的中心化机构来处理数据，交易处理速度更快捷。

1.1.4　数字货币的价值

2019 年 11 月 11 日 10 时 17 分，全球数字货币统计平台（CoinMarketCap）数据显示不同数字货币的价值为：比特币 Bitcoin——9075.4 美元，以太坊 Ethereum——190.2 美元，瑞波币 XRP——0.28 美元，比特币现金 Bitcoin Cash——295.9 美元，莱特币 Litecoin——64.2 美元，柚子 EOS——3.6 美元。

以比特币为例，自 2009 年诞生后价格持续上涨，2011 年币价达到 1 美元，2013 年最高达到 1 200 美元，可以兑换成大多数国家的货币。2017 年 12 月 17 日，比特币达到历史最高价 19 850 美元。

2018 年 11 月 25 日，比特币跌破 4 000 美元大关，后稳定在 3 000 多美元。2018 年 11 月 19 日，加密货币恢复跌势，比特币自 2017 年 10 月以来首次下探 5 000 美元大关。2018 年 11 月 21 日，coinbase 平台比特币报价跌破 4 100 美元，创下了 13 个月以来的新低。

2019 年 4 月，比特币再次突破 5 000 美元大关，创年内新高。2019 年 5 月 14 日，据 coinmarketcap 报价显示，比特币站上 8 000 美元关口，24 小时内上涨 14.68%。2019 年 6 月 22 日，比特币价格突破 10 000 美元大关。比特币价格在 10 200 美元左右震荡，24 小时涨幅近 7%。2019 年 6 月 26 日，比特币价格一举突破 12 000 美元，创下 17 个月以来的高点。2019 年 6 月 27 日早间，比特币价格一度接近 14 000 美元，再创年内新高。

比特币暴涨暴跌并不少见，并非顺风顺水，就算到今天，比特币依然饱受争议。虽然现在的比特币价值非常的昂贵，但还是有很多人不认可，绝大部分国家政府并不承认。投资比特币或任何非国家主权数字货币都是不受到法律认可和保护的。

1.2 区块链技术简介

1.2.1 区块链的概念

关于区块链是什么？这是个很复杂的话题，我们可以谈很长的时间。区块链（英文是 Blockchain）源自比特币，也是比特币的一个重要概念，是比特币的底层技术。其实，区块链技术并不是一种单一的、全新的技术，而是多种现有技术（如加密算法、P2P 文件传输等）整合的结果，这些技术与数据库巧妙地组合在一起，形成了一种新的数据记录、传递、存储与呈现的方式。

区块链的概念在中本聪的白皮书中提出，并且创造了第一个区块，即
"创世区块"。2009 年 1 月 3 日，比特币的创始人中本聪在创世区块里留下一
句永不可修改的话：

"The Times 03/Jan/2009 Chancellor on brink of second bailout for
banks."（2009 年 1 月 3 日，财政大臣正处于实施第二轮银行紧急援助的边
缘）。当时正是英国的财政大臣达林被迫考虑第二次出手纾解银行危机的时
刻，这句话是泰晤士报当天的头版文章标题。得益于区块链的时间戳服务和
存在证明，第一个区块链产生的时间和当时正发生的事件被永久性地保留
下来。

不同的人有不同的职业背景和知识结构，从不同的角度，不同的出发点，
对区块链会有不同的理解和解读。简单来说，区块链是分布式数据存储、点
对点传输、共识机制、加密算法等计算机技术的新型应用模式。

狭义来讲，区块链是一种按照时间顺序将数据区块以顺序相连的方式组
合成的一种链式数据结构，并以密码学方式保证其成为不可篡改和不可伪造
的分布式共享账本（Distributed Shared Ledger）。通俗地说，区块链就是指一
种全民参与记账的方式。区块链系统中，每个人都可以有机会参与记账。在
一定时间段内如果有任何数据变化，系统中每个人都可以来进行记账，系统
会评判这段时间内记账最快最好的人，将他记录的内容写入账本，并把这段
时间内的账本内容发给系统内所有人进行备份。这样系统中的每个人都有了
一本完整的账本。

广义来讲，区块链是利用块链式数据结构来验证与存储数据，利用分布
式节点共识算法来生成和更新数据，利用密码学来保证数据传输和访问的安
全，利用自动化脚本代码组成的智能合约来编程和操作数据等一种全新的分
布式基础架构与计算范式。

从数据的角度来看，区块链是一种分布式数据库，这里的"分布式"不仅体现为数据的分布式存储，也体现为数据的分布式记录（即由系统参与者来集体维护）。简单地说，区块链能实现全球数据信息的分布式记录（可以由系统参与者集体记录，而非由一个中心化的机构集中记录）与分布式存储（可以存储在所有参与记录数据的节点中，而非集中存储于一个中心化的机构节点中）。我们过去和现在的数据库，不管是阿里巴巴、腾讯，还是工商银行，通常是采用中心化的数据库。所有的系统里都会有一个数据库，我们可以把数据库看成是一个大账本。目前情况是谁的系统就由谁来记账，比如微信的账本就是由腾讯在记，淘宝的账本就是由阿里巴巴在记，工商银行的账本就是由工商银行在记。

也有人把区块链解读为一种协议，一种类似于 HTTP、FTP 的新的协议。学计算机的同仁都知道，超文本传输协议（HTTP，Hyper Text Transfer Protocol）是互联网上应用最为广泛的一种网络协议，所有的 WWW 文件都必须遵守这个标准。现在的互联网（Internet），都是基于 HTTP 构建起来的。那么同样的道理，如果区块链成为全世界使用的协议，将来可能会构造出下一代的新型互联网。

同时，区块链实现并建立了分布式信用体系，是现有互联网的升级，转变为从信息传递升级到价值传递。也就是说，我们过去的互联网和现在的互联网，实现的是信息的传输，而将来的区块链网络，不仅仅是传递信息，更能实现价值的传输和信用的传输。

在我国，区块链作为一个全新的概念和理论正在发展之中，虽然在行业领域如阿里巴巴、百度、腾讯、中国联通、平安科技、工商银行等已经布局区块链并且部分已经取得世界领先的成绩和地位，但是大众（甚至一些 IT 和互联网从业人员）对其认知、研究和实践的程度基本上都是才刚刚起步。要想在这一领域弯道超车，引领世界，还需要理论研究者、网络技术者、金融从业者，以及政府监管部门的积极投入和良性互动。

1.2.2 区块链的类型

区块链本质上是一个去中心化的数据库，同时作为比特币的底层技术，区块链是一串使用密码学方法相关联产生的数据块，每一个数据块中包含了一次比特币网络交易的信息，这些信息用于验证其信息的有效性（防伪）和以便于生成下一个区块。

1. 区块链的分类

区块链目前分为三类，公有链、联盟链与私有链，其中联盟链和私有链可以被认为是广义的私链。

公有区块链（Public BlockChains）

公有区块链是指世界上任何个体或者团体都可以发送交易，且交易能够获得该区块链的有效确认，任何人都可以参与其共识过程。公有区块链是最早的区块链，也是目前应用最广泛的区块链。各大 bitcoins 系列的虚拟数字货币均基于公有区块链，世界上有且仅有一条该币种对应的区块链。公有区块链的安全由"加密数字经济"维护，"加密数字经济"采取工作量证明机制或权益证明机制等共识方式，将经济奖励和加密数字验证结合起来，并遵循着一般原则。

联盟区块链（Consortium BlockChains）

联盟区块链也有时称为联合区块链或者行业区块链。联盟区块链的节点地位并不均等，记账节点一般由某个群体内部指定或者预选而来，每个块的生成由所有的预选节点共同决定。普通接入节点权限很小，可以参与交易，但无权参与记账过程。也就是说，预选节点参与共识过程，其他节点本质上还是托管记账，联盟链虽然也是分布式记账，但并不像公有链那样"人人平等"，公众仅可以通过该区块链开放的 API 进行限定查询。

私有区块链（Private BlockChains）

私有区块链，仅仅使用区块链的总账技术进行记账，可以是一个公司，也可以是个人，独享该区块链的写入权限；读取权限或者对外开放，或者被任意程度地对其进行了限制。私有链并没有实现分布式记账或存储，不具有区块链去中心化的属性，所以业内也有很多人并不认为私有链是区块链。

三类区块链主要区别是什么？从最简单的层面来说，公有链——对所有人开放，任何人都可以参与；联盟链——对特定的组织团体开放；私有链——对单独的个人或实体开放。

需要注意的是，联盟链不仅监管友好，而且具备高性能、高可用、安全的特点。联盟链将是现阶段或者是未来相当长一段时间内，中国区块链产业发展的主力军，政府大力倡导的也是联盟链。

2. 公有链与私有链详解

业内也有人认为联盟链介于公有链和私有链之间，但实质上仍属于私有链的范畴。目前金融机构多偏向联盟链，但这也可能只是暂时过渡的状态。联盟链可视为"部分去中心化"的区块链，公众可以交易和查询，但无记账权限，如发布智能合约需获得联盟许可。

世界上早期的区块链都是公有链，公有链是完全开放的区块链，全世界的人都可以参与系统的维护工作。早期的区块链都具有以下几个特点。

（1）开源（Source）：由于整个系统的运作规则公开透明，这个系统是开源系统，通常源代码被托管在 github 网站。

（2）开放（Open）：读取和发送交易的权限面向全世界任何人开放，任何人都能参与共识过程并且能有效地确认交易，共识过程决定哪个区块可被添加到区块链中并明确当前状态。

（3）匿名（Anonymity）：由于节点之间无须信任彼此，所有节点也无须公开身份，系统中每一个节点的匿名和隐私都受到保护。

私有链或联盟链在开放程度和去中心化程度方面有所限制，不同的节点可以被赋予不同的权限，而且权限高低可能是悬殊的，并不像公有链那样一切讲究平等和透明。

我们将着重介绍公有链和私有链，为了方便表述，本章后面所述的联盟链划归到私有链之列。

公有链

公有链是任何节点都能参与其中共识过程的区块链——共识过程决定哪个区块可被添加到区块链中并明确当前状态。公有链通常被认为是"完全去中心化"的。

(1) 公有链的特点

① 具有极低地访问门槛

只要一台接入网络的计算机就可以访问公有链。每个公有链一般都会推出一些工具软件，用户安装软件后便可以快速便捷的访问公有链。

② 所有数据默认公开

一般所有关联的参与者都会隐藏自己的真实身份，这在公有链中是非常普遍存在的。典型的公有链如比特币网络就是完全透明公开的，每一个人都能通过比特币区块浏览器（Bitcoin Block Explorer）看到历史上以及正在发生的每一笔交易。

③ 保护用户免受开发者的影响

在公有链中程序开发者无权干涉用户，比如比特币网络的发明人也无法干涉或控制比特币用户。

（2）公有链的应用

公有链包括比特币、以太坊、莱特币和几乎所有山寨币，其中公有链的始祖是比特币区块链。

以"以太坊"为例来说明，以太坊是一个全新开放的区块链平台，它允许任何人在平台中建立和使用通过区块链技术运行的去中心化应用。与比特币相同的地方是：以太坊不受任何人控制，也不归任何人所有。与比特币不同的地方是：以太坊是可编程的区块链，更像是一台台分布式计算机，允许用户按照自己的意愿创建复杂的操作。以太坊也可被理解为分布式操作系统，以太币仅仅是其中的一小部分。以太坊支持多种语言编程，所以其具有无限的应用可能，就像我们手机上的各类应用软件，通过编程构建出包罗万象的世界。以太坊尤其适合那些点与点之间进行直接自动交互或多节点协调活动的应用。

除金融类应用外，任何对信任、安全和持久性要求较高的应用场景——如资产注册、投票、管理和物联网等都会大规模地受到以太坊平台的影响。

私有链

私有链是指其写入权限仅在一个组织手里的区块链。读取权限或者对外开放会被任意程度地限制。

（1）私有链的特点

① 交易速度非常快

一个私有链的交易速度可以比任何其他的区块链都要快，甚至接近了常规数据库的速度（常规数据库即传统数据库，是相对于区块链的分布式数据库而言的）。因为私有链记账和确认只需要在少数节点上进行，相对于公有链的共识确认需要众多节点而言，极大地提升了效率。

② 隐私保障更好

因为私有链只有少数已经授权的节点会拥有完整的权限，这些节点可能就是主管领导或者单位，其余节点和面向公众的查询访问会被严格设定。这便可以胜任隐私保护要求更高的场景。

③ 交易成本大幅降低甚至为零

私有链的交易只需要几个权限高的节点确认即可，其交易成本与公有链相比极低。在虚拟数字货币交易所，比特币的转账手续费通常是 0.2%，这个费用包含了交易所的利润。实际上每笔比特币交易确实是需要支付给矿工手续费的，比如价值 5 美元的比特币交易与价值 5 000 美元的比特币交易需要支付给矿工的手续费可能是相同的。

④ 有助于保护其基本的产品不被破坏

私有链与传统金融机构的管理和运营模式非常类似，更加容易被相关行业人士接受，这也保证了传统金融机构可以继续拥有既有产品的稳定。如此就不难理解为什么银行和政府对私有链或联盟链可以做到欣然接受。

公有链讲究透明、公平和平等，是比特币为代表的新型非国家性质的货币技术手段，会对核心利润流或组织构成破坏性的威胁。因此，某些实体机构应该会不惜一切代价去避免损害自身的利益而拒绝。

(2) 私有链的应用

Linux 基金会在 2015 年 12 月主导发起的超级账本项目（Hyperledger project）是一个旨在推动区块链跨行业应用的开源项目，成员包括金融、物联网、供应链、制造和科技行业的领头羊。

R3CEV 是一家总部位于纽约的区块链创业公司，由其发起的 R3 区块链联盟，已吸引了 50 家巨头银行的参与，其中包括富国银行、美国银行、纽约梅隆银行、花旗银行等，中国平安银行于 2020 年 5 月加入 R3 区块链联盟。

2016 年 4 月，R3 联盟推出了 Corda 项目，这是一个专门为银行业准备的分布式金融解决方案。Corda 是一个区块链平台，可以用来管理和同步各个组织机构之间的协议。

前面，我们已经提到了很多关于公有链和私有链的知识，也分别阐述了它们各自的定义、特点、应用和发展。有的专家认为私有链（联盟链）可以有效地解决传统金融机构的效率、安全和欺诈问题，也能给许多金融企业提供公有链无法解决的解决方案。私有链（联盟链）确保入网者遵守规章制度，比如医疗保险可携性和责任法案（HIPAA）、反洗钱（AML）和客户身份验证（KYC）制度。

其实，公有链、私有链、联盟链都是区块链技术的一个细分，而技术仅仅是一种工具，如何在不同的场景应用好不同的工具才是技术进步的关键所在。

1.2.3　区块链的发展历程

我们从图 1-1 开始说说区块链的发展历程。

一　·技术实验阶段（2007—2009）

二　·小众极客阶段（2010—2012）

三　·初步发展阶段（2013—2015）

四　·迎来爆发阶段（2016—2018）

五　·区块链元年（2018）

六　·区块链上升到国家战略（2019）

图 1-1　区块链的发展历程

1. 技术实验阶段（2007—2009）

2008 年 10 月 31 日发布了《比特币白皮书》。2009 年 1 月 3 日比特币系统开始运行，技术创造出来的世界上传奇的数字货币——比特币。中本聪第一次提出了区块链的概念，通过利用点对点网络和分布式时间戳服务器，利用区块链数据库进行自主管理，解决重复消费（双花，Double Spending）问题。2007—2009，比特币处在一个极少数人参与的技术实验阶段，相关商业活动还未真正开始。

2. 小众极客阶段（2010—2012）

2010 年 2 月，第一家比特币交易所 Bitcoin Market 开业，这意味着区块链的第一个应用——比特币开始具有商业性质。2010 年 5 月 22 日，有人用 10 000 个比特币购买了 2 个披萨。2010 年 7 月 17 日，著名比特币交易所 Mt. gox 成立。2011 年 2 月，美国《时代周刊》首次发表了关于比特币的文章。2011 年 4 月，福布斯刊文《密码货币》介绍比特币。2011 年 6 月，维基百科开始接受比特币捐助，此时比特币的市场价值达到 2.06 亿美元。全世界越来越多的程序员和极客在 Bitcointalk. org 论坛上讨论比特币技术，在自己的电脑上挖矿获得比特币，在 Mt. gox 上买卖比特币。

3. 初步发展阶段（2013—2015）

2013 年 3 月，塞浦路斯爆发经济危机，政府关闭银行和股市的行为推动了比特币的价格飙升，比特币价格最高至 266 美元。2013 年 8 月，德国宣布承认比特币的合法地位，并将其纳入国家监管体系，德国成为世界上首个承认比特币合法地位的国家。2013 年 11 月，美国参议院听证会明确了比特币的合法性。2013 年 11 月 19 日，比特币达到 1242 美元新高！2013 年 12 月，huobi、OKcoin 为首的第二代比特币交易所成立，并针对市场需求开通了期货杠杆交易业务，在基于原有的盈利模式上增加了杠杆借贷收取的手续费。

Mt. gox 的倒闭等事件触发大熊市，比特币价格持续下跌，2015 年年初一度跌至 200 美元以下。当时许多企业倒闭，后来经历严冬活下来的企业的确更加强壮了。在这个阶段，大众已经开始了解比特币和区块链，尽管还不能普遍认同。

4. 迎来爆发阶段（2016—2018）

2016 年年初，以太坊的技术得到市场认可，价格开始暴涨，吸引了大量开发者以外的人士进入以太坊领域。随着英国计划脱欧、朝鲜第五次核试验、特朗普当选等事件的产生，世界主流经济不确定性增强，具有避险功能并且能与主流经济呈现替代关系的比特币开始复苏。随着市场需求增大，交易规模快速扩张，2016—2017 的牛市开启，比特币和区块链彻底进入了全球视野。2017 年，比特币迎来大爆发，价格屡创新高，市场资金大量涌入；以太坊因为"发币"功能完备，一大群 ICO 崛起；山寨币新币市场异常火爆，此时以币安为代表的第三代数字货币交易所诞生。

5. 区块链元年（2018）

2018 年，区块链行业呈井喷发展，区块链的概念在全世界范围内得到迅速推广和普及，很多国家和政府开始探讨和关注如何应对区块链问题。对于数字货币，部分国家持抵制的态度，部分国家持宽容的态度，但是对于区块链的应用和发展，各国政府普遍接受并且认可。

2018 年被称为区块链发展的元年，区块链开始被国内官方承认，政府部门纷纷发文力挺区块链技术，阿里、网易、腾讯等国内知名互联网企业也纷纷加入区块链大军，区块链行业市场初具规模。8 月，在深圳政府的扶持下，全国首张区块链电子发票在深圳问世，这也说明区块链技术已经走出了数字金融领域，逐步在其他行业实际应用中落地。区块链由比特币带入中国，但却以区块链技术落地生根。目前区块链技术在全世界仍属于早期发展阶段，但它的发展速度却是极快，某种程度已经超过当初互联网发展的速度。未来不仅在数字领域，在其他行业中，区块链技术也会有较高的发展和研究价值。

6. 上升到国家战略（2019）

2019 年 10 月 24 日，中共中央政治局首次就区块链技术的发展现状和趋势进行集体学习。习近平总书记用"四个要"为区块链技术如何给社会发展带来实质变化指明方向。

2019 年 10 月 25 日,《新闻联播》头条报道了习近平总书记关于发展区块链的指示精神。

2019 年 10 月 26 日,《人民日报》头版头条的题目是《习近平在中央政治局第十八次集体学习时强调 把区块链作为核心技术自主创新重要突破口 加快推动区块链技术和产业创新发展》。

2019 年 10 月 26 日,十三届全国人大常委会第十四次会议通过《中华人民共和国密码法》,习近平主席签署主席令予以公布,自 2020 年 1 月 1 日起施行。

2020 年 10 月 8 日,深圳发放 1000 万元"数字人民币"红包,DCEP 试点工作迎来重大突破。

随后,各级政府、无数的企业都在学习研究如何使用区块链技术,几乎所有媒体也都担任起了区块链的普及大使。党中央的前瞻判断,让"区块链"走进大众视野,也成为金融资本、实体经济和社会舆论的共同关注点。

1.2.4 区块链的特征

区块链是比特币的底层技术,像一个分散的数据库账本,记载所有的交易记录。区块链是一种分布在类似于 NoSQL(非关系型数据库)这样的技术解决方案的统称,并不是某种特定技术,它能够通过很多编程语言和架构来实现。实现区块链的方式很多,仅从共识机制角度来讲,包括工作量证明机制、权益证明机制、股份授权证明机制等。

再回到比特币来说区块链,我们不要把比特币当成一种货币,而是要当成一个总账,它是一个电子总账,网络上每个参与者的电脑都有一份总账的备份,并且所有的备份都会实时的持续的对账同步。

区块链的"区块"是一串使用密码学方法相关联产生的数据块，每一个数据块中包含了一次比特币网络交易的信息，用于验证其信息的有效性和生成下一个区块。区块链的特征，行业内并没有完全统一的说法，但就整体来说，区块链主要具有以下特征。

1. 去中心化

由于使用分布式核算和存储，不存在中心化的硬件或管理机构，任意节点的权利和义务都是均等的，少数节点即使停止工作都不影响系统整体的运作，系统中的数据块由整个系统中具有维护功能的节点来共同维护。通过对比来看，日常生活中的银行结算或支付系统等，需要一个中心服务器或中心机构才能完成。而比特币的结算系统是分散地建立在网络上的，它会是一个去中心化的结算数据库方式。

2. 开放性

区块链系统是开放的，除了交易各方的私有信息被加密外，区块链的数据会对所有人公开，任何人都可以通过公开的接口查询区块链数据和开发相关应用，因此整个系统信息高度透明。

3. 自治性

区块链的自治性体现在多参与方、多中心的系统按照基于协商一致的规范和协议来自动运行，最终确保记录在区块链上的每一笔交易的准确性和真实性。运行的过程完全按照符合规范的触发条件执行，任何人为干预不起作用。比如区块链的强安全、共识机制不需要第三方的进入，而是通过一个先前预定的技术来实现整个交易的完成。

4. 安全性、稳定性和可靠性

系统中每一个节点都拥有最新的完整数据库拷贝，一旦信息经过验证并添加至区块链，就会永久的存储起来。除非能够同时控制系统中超过 51％ 的节点，否则单个节点上对数据库的修改是无效的。系统会自动比较，认为最多次出现的相同数据记录为真。同时，它是一个分布式的网络架构，没有一个中心节点可以被打击或者攻击，所以在整体的技术布置方面有着更强的安全性、稳定性、可靠性和持续性，以及信息永久不可篡改。

5. 匿名性

由于节点之间的交换遵循固定的算法，其数据交互是无须信任的（区块链中的程序规则会自行判断活动是否有效），因此交易双方无须通过公开身份的方式让对方对自己产生信任。比特币就具有强匿名性，所以到现在也找不到真正的中本聪（比特币的发明人）。

6. 去信任

区块链网络内，所有节点能够在去信任的环境下自由安全的交换数据。"去信任"这个词在区块链领域会经常出现，"去信任"就是在整个系统中的多个参与方无须互相信任就能够完成各种类型的交易和协作。去信任，去的是人的信任，区块链使得对人的信任改成了对机器的信任。

7. 集体维护

系统是由其中所有具有维护功能的节点共同维护的，系统中所有人共同参与维护工作。

1.3 区块链的核心技术及底层结构

1.3.1 分布式账本

"分布式"简单地理解即"去中心化"，对应相反的是"中心化"。更简单地说，中心化的意思，是中心决定节点，节点必须依赖中心，节点离开了中心就无法生存。去中心化，最直观地解释就是把"中心"给去掉，没有固定的中心。在一个分布有众多节点的系统中，每个节点都具有高度自治的特征。节点之间彼此可以自由连接，形成新的连接单元。任何一个节点都可能成为阶段性的中心，但不具备强制性的中心控制功能。节点与节点之间的影响，会通过网络而形成非线性因果关系。这种开放式、扁平化、平等性的系统现象或结构，我们称之为"去中心化"。

"去中心化"不是不要中心，而是由节点来自由选择中心、自由决定中心。在去中心化系统中，任何人都是一个节点，任何人也都可以成为一个中心。任何中心都不是永久的，而是阶段性的，任何中心对节点都不具有强制性（见图 1-2）。

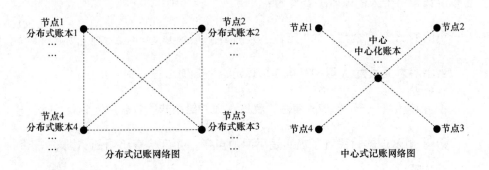

图 1-2　两种记账方式的网络图

1. 银行式中心化账本

以最常见的银行为例，来说明中心化账本是怎么运作的。

银行是一个中心化账本，账本存储在银行的中心数据库，上面写着：

"小明的 A 账户余额 3 000 元，小芳的 B 账户余额 2 000 元……"

当小明想要通过 A 账户转账 1 000 元给小芳的 B 账户时：

① 小明到银行，向银行提交转账要求；

② 银行通过银行卡密码等方式确认小明身份，并检查小明的 A 账户是否有足够余额；

③ 检查通过后，银行增加一条转账记录：A 账户向 B 账户转账 1 000 元，并修改余额：A 账户余额＝3 000－1 000＝2 000 元，B 账户余额＝2 000＋1 000＝3 000 元。

2. 分布式账本

那么，我们再来看看分布式账本是怎么运作的。

假设有这样的一个小村庄，大家不是靠银行，而是自己用账本来记录谁有多少钱，每个人的账本上都写着：

小明的 A 账户余额 3 000 元，小芳的 B 账户余额 2 000 元。

当小明想要通过 A 账户转账 1 000 元给小芳的 B 账户时：

① 小明大吼一声：大家注意啦，我用 A 账户给小芳的 B 账户转 1 000 块钱；

② 小明附近的村民听了确实是小明的声音，并且检查小明的 A 账户是否有足够余额；

③ 检查通过后，村民往自己的账本上写：A 账户向 B 账户转账 1 000 元，并修改余额：A 账户余额＝3 000－1 000＝2 000 元，B 账户余额＝2 000＋1 000＝3 000 元。

④ 小明附近的村民把转账告诉较远村民，一传十，十传百，直到所有人都知道这笔转账，以此保证所有人的账本都一致性。

3. 比特币的分布式账本

最后，我们再来看看比特币的分布式账本是怎么运作的。

比特币用户在某台计算机上运行比特币客户端软件，这样的计算机称为一个节点（node）。

大量节点计算机互相连接，形成一张像蜘蛛网一样的 P2P（点对点）网络。当小明想要通过 A 账户转账 1 比特币给小芳的 B 账户时：

① 小明向周围节点广播转账交易要求，A 账户转账 1 比特币给 B 账户，并用 A 账户的私钥签名（A 账户的私钥可简单理解为 A 账户的密码，只要知道 A 账户的私钥就能使用 A 账户上的比特币）；

② 小明周围的节点通过 A 账户的公钥检查交易签名的真伪，并且检查小明的 A 账户是否有足够余额；

③ 检查通过后，节点往自己的账本上写：A 账户向 B 账户转账 1 比特币，并修改余额：A 账户余额＝3 比特币－1 比特币＝2 比特币，B 账户余额＝2 比特币＋1 比特币＝3 比特币。

④ 节点把这个交易广播给周围的节点，一传十，十传百，直到所有节点都收到这笔交易。

比特币的去中心化公开账本可称为区块链。比特币运行的一个最简化描述如图 1-3 所示。当然比特币的实际运行远比这复杂，我们在后续会对其进一步讲解。

图 1-3　比特币完整交易流程图

1.3.2　非对称加密

1. 先从对称加密说起

对称加密（symmetrical encryption）采用单钥密码系统的加密方法，同一个密钥可以同时用作信息的加密和解密，也称为单密钥加密。所谓对称，就是采用这种加密方法的双方使用相同方式用同样的密钥进行加密和解密，密钥是控制加密及解密过程的指令，算法是一组规则，规定如何进行加密和解密。

加密的安全性不仅取决于加密算法本身，密钥管理的安全性更为重要。因为加密和解密都使用同一个密钥，所以如何把密钥安全地传递到解密者手上就成了必须要解决的问题（见图1-4）。

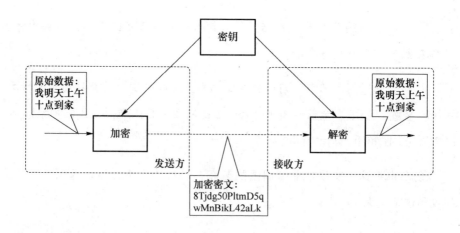

图 1-4　对称加密示意图

2. 非对称加密定义、原理及介绍

非对称加密（asymmetric cryptography）是密码学的一种算法，也称为公开密钥加密（public-key cryptography）。非对称加密算法需要两个密钥：公开密钥（publickey，简称公钥）和私有密钥（privatekey，简称私钥）。公钥与私钥是一对，如果用公钥对数据进行加密，只有用对应的私钥才能解密。因为加密和解密使用的是两个不同的密钥，所以这种算法叫作非对称加密算法。公钥可以任意对外发布，而私钥必须由用户自行严格秘密保管，绝不透过任何途径向任何人提供，也不会透露给要通信的另一方，即使他被信任。

　　非对称加密算法实现机密信息交换的基本过程是：甲方生成一对密钥并将公钥公开，需要向甲方发送信息的其他角色（乙方）使用该密钥（甲方的公钥）对机密信息进行加密后再发送给甲方，甲方再用自己的私钥对加密后的信息进行解密。甲方想要回复乙方时正好相反，使用乙方的公钥对数据进行加密，同理，乙方使用自己的私钥来进行解密（见图 1-5）。

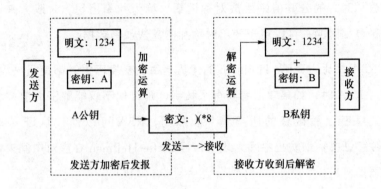

图 1-5　非对称加密示意图

3. 主要算法

　　在非对称加密中使用的主要算法有：RSA、Elgamal、背包算法、Rabin、Diffie-Hellman、ECC。使用最广泛的是 RSA，Elgamal 是另一种常用的非对称加密算法。

　　(1) RSA 与 Diffie-Hellman

　　RSA 算法是目前最流行的公开密钥算法，既能用于加密，也能用于数字签名。不仅在加密货币领域使用，在传统互联网领域的应用也很广泛。从被提出到现在这 20 多年间，经历了各种考验，被普遍认为是目前最优秀的公钥方案之一。比特币所使用的 Sha256 算法，也是在其基础之上建立的。了解 RSA 算法后，相信你会对区块链有更深的认识。

　　Diffie-Hellman 算法是 Whitfield Diffie 和 Martin Hellman 于 1976 年发明

的，通常被视为第一种非对称加密算法，但是也有很多的业内专家认为
Diffie-Hellman 不是加密算法，它只是生成可用作对称密钥的秘密数值。在
Diffie-Hellman 密钥交换过程中，发送方和接收方分别生成一个秘密的随机
数，并根据随机数推导出公开值，之后，双方再交换公开值。Diffie-Hellman
的基础是具备生成共享密钥的能力。只要交换了公开值，双方就能使用自己
的私有数和对方的公开值来生成对称密钥，称为共享密钥。对双方来说，该
对称密钥是相同的，可以用于使用对称加密算法加密数据。

与 RSA 相比，Diffie-Hellman 的优势是每次交换密钥时都使用一组新值，
而在使用 RSA 时，如果攻击者获得了私钥，那么他不仅能解密之前截获的消
息，还能解密之后截获的所有消息。然而，RSA 可以通过认证（如使用
X.509 数字证书）来防止中间人攻击，但 Diffie-Hellman 在应对中间人攻击时
非常脆弱。

另外，Elgamal 由 Taher Elgamal 于 1985 年发明，Elgamal 算法是一种较
为常见的加密算法，它是基于 1985 年提出的公钥密码体制和椭圆曲线加密体
系产生的。既能用于数据加密也能用于数字签名，其安全性依赖于计算有限
域上离散对数这一难题。

(2) ECC（椭圆曲线密码学）

椭圆曲线密码学（Elliptic Curve Cryptography，ECC），是一种建立公开
密钥加密的算法，其基于椭圆曲线数学。椭圆曲线在密码学中的使用是在
1985 年由 Neal Koblitz 和 Victor Miller 分别独立提出的。

椭圆曲线公钥系统是代替 RSA 的强有力竞争者。椭圆曲线加密方法与
RSA 方法相比，有以下的优点。

① 安全性能更高。如 160 位 ECC 与 1 024 位 RSA、DSA 有相同的安全
强度。

② 计算量小，处理速度快。在私钥的处理速度上（解密和签名），ECC

远比 RSA、DSA 快得多。

③ 存储空间占用小。ECC 的密钥尺寸和系统参数与 RSA、DSA 相比要小得多，所以占用的存储空间小得多。

④ 带宽要求低使得 ECC 具有广泛的应用前景。

ECC 的这些特点使它有望取代目前主流的 RSA，成为通用的公钥加密算法。

1.3.3 共识机制

共识机制，就是区块链事务达成分布式共识的算法。区块链是一种去中心化的分布式账本系统，它可以用于登记和发行数字化资产、产权凭证、积分等，并以点对点的方式进行转账、支付和交易。区块链系统与传统的中心化账本系统相比，具有完全公开、不可篡改、防止多重支付等优点，并且不依赖于任何的可信第三方。

由于点对点网络下存在较高的网络延迟，各个节点所观察到的事务先后顺序不可能完全一致。因此区块链系统需要设计一种机制对在差不多时间内发生的事务的先后顺序进行共识。这种对一个时间窗口内的事务的先后顺序达成共识的算法被称为共识机制。

常见的共识机制有 POW、POS、DPOS、dBFT 等，随着区块链快速发展，大量新的共识机制被创造出来。共识机制有的是基于证明（POW、POS、DPOS），有的是基于投票（BFT），有的是基于随机性，还有其他各种创新。

1. POW 共识机制

POW（Proof of Work）即工作量证明，就是大家熟悉的挖矿，通过与或运算，计算出一个满足规则的随机数，即获得本次记账权。发出本轮需要记录的数据，全网其他节点验证后一起存储。比特币系统使用工作量证明机制使得更长总账的产生具有计算性难度。

优点：①算法简单，容易实现；②节点间无须交换额外的信息即可达成共识；③破坏系统需要投入极大的成本；④完全去中心化。

缺点：①浪费能源；②区块的确认时间难以缩短；③新的区块链必须找到一种不同的散列算法，否则就会面临比特币的算力攻击；④容易产生分叉，需要等待多个确认；⑤永远没有最终性，需要检查点机制来弥补最终性。

2. POS 共识机制

POS（Proof of Stake）即权益证明，它将 POW 中的算力改为系统权益，拥有权益越大则成为下一个记账人的概率越大。这种机制的优点是不像 POW 那么费电，但是也有不少缺点：①没有专业化，拥有权益的参与者未必希望参与记账；②容易产生分叉，需要等待多个确认；③永远没有最终性，需要检查点机制来弥补最终性；④还是需要挖矿，本质上没有解决商业应用的痛点。

股权证明机制已有很多不同变种，但基本概念是产生区块的难度应该与你在网络里所占的股权（所有权占比）成比例。POS 的早期代表包括点点币和未来币。点点币使用一种混合模式，用你的股权调整你的挖矿难度。未来币使用一个确定性算法以随机选择一个股东来产生下一个区块，这种算法基于你的账户余额来调整你被选中的可能性。

DPOS 在 POS 的基础上，将记账人的角色专业化，先通过权益来选出记账人，然后记账人之间再轮流记账。这种方式依然没有解决最终问题。

TaPOS 是基于交易的股权证明机制。代表制是一个短时间内达成坚固共识的高效方式，而 TaPOS 为股东们提供了一个长效机制来直接批准他们代表的行为。平均而言，51% 的股东在 6 个月内会直接确认每个区块。差不多

10％的股东可以在几天内确认。这种取决于活跃流通的股份所占的比例直接确认保障了网络的长期安全，并使所有的攻击尝试变得极度清晰易见。

3. dBFT 共识机制

dBFT（delegated Byzantine Fault Tolerance）是一种通用的共识机制模块，它提出了一种改进的拜占庭容错算法，使其能够适用于区块链系统。小蚁采用的 dBFT 机制，是由权益来选出记账人，然后记账人之间通过拜占庭容错算法来达成共识，这种方式的优点是：①专业化的记账人；②可以容忍任何类型的错误；③记账由多人协同完成，每一个区块都有最终性，不会分叉；④算法的可靠性有严格的数学证明。缺点是：①当有 1/3 或以上记账人停止工作后，系统将无法提供服务；②当有 1/3 或以上记账人联合作恶，且其他所有的记账人恰好被分割为两个网络孤岛时，恶意记账人可以使系统出现分叉，但是会留下密码学证据。

dBFT 机制最核心的一点，就是最大限度地确保系统的最终性，使区块链能够适用于真正的金融应用场景。

4. PBFT 共识机制

PBFT（Practical Byzantine Fault Tolerance，实用拜占庭容错算法）是一种状态机副本复制算法，即服务作为状态机进行建模，状态机在分布式系统的不同节点进行副本复制。每个状态机的副本都保存了服务的状态，同时也实现了服务的操作。将所有的副本组成的集合使用大写字母 R 表示，使用 0 到 $|R|-1$ 的整数表示每一个副本。为了描述方便，假设 $|R|=3f+1$，这里 f 是有可能失效的副本的最大个数，在 $R \geqslant 3f+1$ 的前提下，系统能保持安全性和活性，尽管可以存在多于 $3f+1$ 个副本，但是额外的副本除了降低性能之外不能提高可靠性。

5. DPOS 共识机制

DPOS（Delegated Proof of Stake）即授权股权证明机制（也叫作股份授权证明机制）。持有币的人可以进行投票选举，选举出一些节点作为代表来记账，类似于全国人民代表大会制度。它在尝试解决传统的 POW 机制和 POS 机制问题的同时，还能通过实施科技式的民主抵消中心化所带来的负面效应。

股份授权证明机制与董事会投票类似，该机制拥有一个内置的实时股权人投票系统，就像系统随时都在召开一个永不散场的股东大会，所有股东都在这里投票决定公司决策。基于 DPOS 机制建立的区块链去中心化依赖于一定数量的代表，而非全体用户。在这样的区块链中，全体节点投票选举出一定数量的节点代表，由他们来代理全体节点确认区块、维持系统有序运行。同时，区块链中的全体节点具有随时罢免和任命代表的权力。如果必要，全体节点可以通过投票让现任节点代表失去代表资格，重新选举新的代表，实现实时的民主。

股份授权证明机制可以大大缩小参与验证和记账节点的数量，从而达到秒级的共识验证。然而，该共识机制仍然不能完美解决区块链在商业中的应用问题，因为该共识机制无法摆脱对于代币的依赖，而在很多商业应用中并不需要代币的存在。

6. Casper 共识机制

Casper 协议是以太坊大都采用的共识机制。Vitalik 公开演讲时表示，他和以太坊基金会核心成员 Vlad Zamfir 各带一队开始了一套称为 Casper 的混合工作量证明（POW）和权益证明（POS）的激励执行机制。Casper 将分阶段部署，目前第一阶段已经完成。理解 Casper 协议，通常需要理解诸多概念、思想和各类共识机制，比如会涉及 Slasher 协议、安全保证金、贿赂型攻击、长程攻击、惩罚条件、寡头垄断、卡特尔模型和友好 GHOST 等。

Casper 就是基于简单的"友好 GHOST",并经过改进以适应权益证明,加入能够激励卡特尔对非卡特尔验证者"友好"的激励机制。

7. 共识机制的比较

共识机制对比图见表 1-1。

表 1-1 共识机制对比图

共识算法	POW	POS	DPOS	Casper	PBFT
性能	低	较高	较高	较高	高
去中心化程度	完全	完全	完全	完全	较弱
最大允许作恶节点数量	51%	51%	51%	51%	33%
是否需要代币	是	是	是	是	否
应用类型	公有链	公有链	公有链	公有链	联盟链
技术成熟度	成熟	成熟	成熟	未应用	成熟

1.3.4 智能合约

1. 智能合约的概念、原理及实现

20 世纪 90 年代初,一位叫尼克扎博的密码学家开始探讨智能合约。智能合约是指当一个预先编好的条件被触发时,智能合约执行相应的合同条款。

2014 年前后,业界开始认识到区块链技术的重要价值,并将其用于数字货币外的领域。以智能合约为代表的区块链 2.0,将区块链的应用延伸到物联网、智能制造、供应链管理和数字资产交易等多个领域。

更进一步来探讨,智能合约是什么呢?从用户角度来讲,智能合约通常被认为是一个自动担保账户,比如当特定的条件满足时,程序就会释放和转移资金。从技术角度来讲,智能合约被认为是网络服务器(这些服务器并不是使用 IP 地址架设在互联网上，而是架设在区块链上）在其上面运行特定的合约程序。

智能合约是编程在区块链上的汇编语言，通常人们不会自己写字节码（底层代码），但是会用更高级的语言来编译它，比如用 Solidity 与 Javascript 类似的专用语言。智能合约赋予区块链更多的功能性和实用性，通过代码可以实现无数种可能的互动，比如最简单的转移数字货币和记录事件。

基于区块链技术的智能合约，不依赖第三方而自动执行双方协议承诺的条款，具有预先设定后的不变性和加密安全性，从规避违约风险和操作风险的角度较好地解决了参与方的信任问题。智能合约在现实生活中一个典型的应用场景就是自动售货机，基于预先设计的合同承载，任何人都可以用硬币与售货机交流。通过向机器内投入指定面额的货币，选择购买的商品和数量，自动完成交易。自动售货机密码箱等安全机制，可以防止恶意攻击者存放假钞，从而保证自动售货机的安全运行。

日趋完善的智能合约将根据交易对象的特点和属性产生更加自动化的协议。人工智能的进一步研究将允许使用越来越复杂的逻辑，针对不同的合同实施不同的行为。更加成熟的数据处理系统能够主动提醒起草人合约在逻辑或执行方面存在问题的地方，从而扩大智能合约的应用范围和深度，更好地解决交易过程中的信任风险。

代码的执行是自动的，要么成功执行，要么所有的状态变化都撤销（包括从当前失败的合约中已经发送或接收的信息）。这种方式避免了合约部分执行的情况，其实在传统金融领域也是这样操作的，一般称之为"回滚"。在区块链环境中，这更为重要，因为没有办法来撤销执行错误所带来的不好后果（如果对手不配合的话，根本就没有办法逆转交易）。

智能合约被认为是使用区块链的又一个热门技术，在这个领域内，最著名的初创企业是 Ethereum 和 Eris Industries。通过非对称密钥解决所有权信任问题，通过智能合约解决信任的执行问题，最终实现"无须信任的信任"。

智能合约在数字资产领域的应用比较多，数字资产按照数字化程度从低到高可能包括但不限于数字化的财产（比如房屋、土地、汽车、专利和版权等资产），数字股票，数字债券以及数字货币等。数字资产利用区块链数据的不可更改和可编程性，可依靠智能合约进行点对点的自主交易与自我结算。资产数字化是社会发展的趋势，可以更大程度减少资源的浪费，降低成本，是资产流通最便捷的方法。

2. 智能合约的代码示例

本书并非针对程序员或者技术型的读者，我们从中摘录部分代码供读者参阅。一方面，让大家了解区块链其实就是代码、算法、数据库和硬件等的综合；另一方面，"窥一斑而见全豹"，通过最简单的一段示例代码让大家更好地理解区块链的全局。

```
contract Conference {
    address public organizer;
    mapping (address = > uint) public registrantsPaid;
    uint public numRegistrants;
    uint public quota;

    event Deposit (address _ from, uint _ amount);    // so you can
log these events
    event Refund (address _ to, uint _ amount);

    function Conference () { // Constructor
        organizer = msg. sender;
        quota = 500;
```

```
        numRegistrants = 0;
    }

    function buyTicket () public returns (bool success) {
        if (numRegistrants >= quota) { return false; }
        registrantsPaid [msg. sender] = msg. value;
        numRegistrants ++ ;
        Deposit (msg. sender, msg. value);
        return true;
    }

    function changeQuota (uint newquota) public {
        if (msg. sender != organizer) { return; }
        quota = newquota;
    }

    function refundTicket (address recipient, uint amount) public {
        if (msg. sender != organizer) { return; }
        if (registrantsPaid [recipient] == amount) {
            address myAddress = this;
            if (myAddress. balance >= amount) {
                recipient. send (amount);
                registrantsPaid [recipient] = 0;
                numRegistrants -- ;
                Refund (recipient, amount);
            }
        }
    }

    function destroy () { // so funds not locked in contract forever
        if (msg. sender == organizer) {
```

```
    suicide (organizer); // send funds to organizer
  }
 }
}
```

1.3.5 区块链的分层结构

区块链总共有六个层级结构，这六个层级结构自下而上是：数据层、网络层、共识层、激励层、合约层和应用层。其中，数据层、网络层和共识层是构建区块链的必要组成，缺少任何一层的区块链都不能称之为真正意义上的区块链。激励层、合约层和应用层不是每个区块链应用的必要组成，一些区块链并不全部包含这三层结构（见图 1-6）。

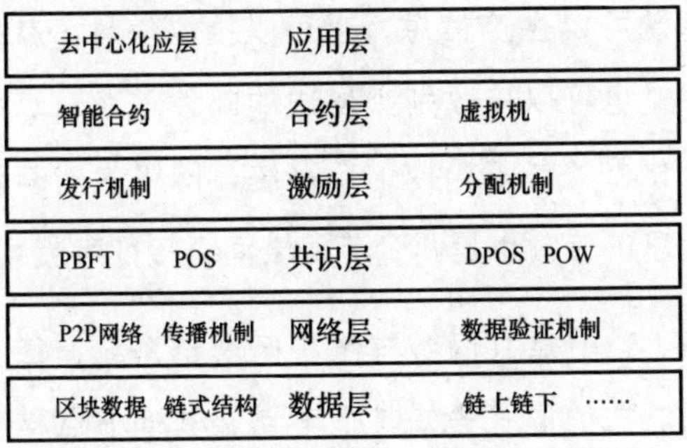

去中心化应层	应用层	
智能合约	合约层	虚拟机
发行机制	激励层	分配机制
PBFT POS	共识层	DPOS POW
P2P网络 传播机制	网络层	数据验证机制
区块数据 链式结构	数据层	链上链下 ……

图 1-6　区块链的分层结构

1. 数据层 Data Layer

数据层主要描述区块链的"物理"形式，是区块链上从创立区块起始的链式结构，包含区块链的区块数据、链式结构以及区块上的随机数、时间戳和公私钥数据等，是整个区块链技术中最底层的数据结构。数据层从第一个数据区块开始就记录在链上，从第一个到最新的数据区块构成区块链的链式结构。数据层包含区块链中的区块数据、链式结构、每一笔历史记录的私钥、区块头和区块尾上的随机数以及链上的公钥等所有链上相关数据。

数据层是最底层的数据或者历史记录，同时也是整个区块链体系的基础层。那么，基础层之上的一层是用来构筑数据之间的联系和沟通回路的网络的层级，即被称为网络层。

2. 网络层 Network Layer

网络层主要通过 P2P 技术实现分布式网络的机制，包括 P2P 组网机制、数据传播机制和数据验证机制，节点之间通过维护一个共同的区块链结构来保持通信。同时，节点还分成全节点和轻节点，全节点负责将区块链中的全账本下载进行维护和保管，轻节点负责维护信息的完整和数据的更新。

区块链的网络层实际上就是一个特别强大的点对点网络系统。在这个系统上，每一个节点既可以生产信息，也可以接收信息，就好比发邮件，你既可以自己编写邮件，也可以接收别人发送的邮件。点对点意味着不需要一个中间环节或者中心化服务器来操控这个系统，网络中所有资源和服务都是分配在各个节点，信息的传输也是两个节点之间直接往来就可以。

在区块链网络上，节点共同参与维护区块链系统，每当一个节点创造出新的区块后，它以广播的形式告知其他节点，其他节点接受广播信息并且对该区块进行验证，验证通过后在该区块的基础上去创建新的区块。这样一来，全网便可以共同维护更新区块链系统这个总账本。

3. 共识层 Consensus Layer

共识层主要解决了依据什么规则来维护更新区块链系统的问题，这就涉及到了所谓的"法律法规"（规则）。共识层主要包含共识算法以及共识机制，能让高度分散的节点在去中心化的区块链网络中高效地针对区块数据的有效性达成共识，是区块链的核心技术之一，也是区块链社群的治理机制。

目前至少有数十种共识机制算法，包括我们之前讲到过的工作量证明（POW）、权益证明（POS）、实用拜占庭共识（PBFT）、股份授权证明机制（DPOS）和 Casper 共识机制，其他的还有燃烧证明（POB）、重要性证明（POI）等。

共识层主要包括共识算法及共识机制，能让整个系统中分布式的节点在网络中对于同一区块的数据有效性进行判断的机制。数字货币中 BTC 的POW、ETH 的 POS 以及 EOS 的 DPOS 都属于整个区块链网络中的共识机制。

4. 激励层 Actuator Layer

激励层主要包括经济激励的发行制度和分配制度，其功能是提供一定的激励措施，鼓励节点参与区块链的安全验证工作，并将经济因素纳入区块链技术体系中，激励遵守规则参与记账的节点，并惩罚不遵守规则的节点。

以比特币为例，共识机制 POW 的规定是"多劳多得"，衡量的标准是工作量，激励层明确的规则是"谁能够第一个找到正确哈希值谁就可以得到一定数量的比特币奖励"。共识机制可以理解为公司的总规章制度，而挖矿机制就是公司的总规章制度中关于"你做好了什么能够得到什么奖励"的专门奖励机制，奖励机制是共识机制的一部分。

公有链必须依赖全网节点共同维护数据。因为必须有一套这样的激励机制，才能激励全网节点参与区块链系统的建设维护，所以公有链具备激励层，进而保证区块链系统的安全性和可靠性。通常来说，只有公有链才具备激励层。

5. 合约层 Contract Layer

合约层主要包括各种脚本、代码、算法机制及智能合约，它是区块链可编程的基础。将代码嵌入区块链或令牌中，实现可以自定义的智能合约，并在达到某个确定的约束条件下，无须经由第三方就能自动执行，这也是区块链去信任的基础。

合约层可以让区块链系统变得更加智能，我们说的"智能合约"便属于合约层这个层级上。如果说比特币系统不够智能，那么以太坊推出的"智能合约"则更智能，能够满足许多应用场景。

6. 应用层 Application Layer

应用层很简单，就是区块链的各种应用场景和案例。应用层运行的都是DAPP（Decentralised Application 去中心化的应用），我们现在说的"区块链＋"就是所谓的应用层。区块链的应用层封装了各种应用场景和案例，类似于电脑操作系统上的应用程序，如社交网站、搜寻引擎、电子商城等。

举例来说，百度超级链 XuperChain 是百度的底层公链，百度各业务线互相合作，积极推进区块链业务，推出电子存证版权确权的百度图腾，那么百度图腾就是 XuperChain 的应用层的应用之一。

应用层直接体现了我们日常生活中的一些应用场景，例如金融、供应链、物联网、医疗、公益、能源、法务、电商、文学、影视、版权等。对于开发者来说，只要了解区块链的基本原理以及区块链平台的使用方法，并且能够通过应用层与底层平台进行交互，就可以利用区块链技术将真实可信的数据放到区块链上。本书后面会有专门的章节介绍区块链赋能实体经济，也是我们常说的"区块链＋"的概念，通过对应用层的合理规划、产品设计和程序开发，最终将区块链技术落地应用到各行各业。

应用层与区块链的交互可以参考以下两种设计方式：一是客户端通过应用层发起请求，应用层将信息发送给区块链（信息上链），应用层捕获处理结果，然后将处理结果返回客户端；二是客户端通过应用层发起请求，应用层信息上链，应用层不去捕获处理结果，而是客户端通过查询的方式自行在区块链上获取处理结果。第一种方式是长久以来使用应用系统的积累，追求的是用户体验，大家习惯于这样的请求交互。这种方式最大的问题是，如果应用层被劫持或攻击，那么返回的结果就会失真。第二种方式是通过自行查询获取结果，这样可以减少对应用系统的依赖。下面以记录账本为例来说明这两种方式的区别，当你向账本写入一条信息的时候，第一种方式是管理账本的人告诉你账本的内容，第二种方式是需要自己去翻看账本的内容。这两种方式各有优劣，在实际应用中可根据具体的业务需求来选择。

1.4　区块链的核心价值

1.4.1　构建全新的信用体系

1. 信用机制构建的原理

著名的《经济学人》杂志于 2015 年 10 月发表题为《The trust machine》的封面文章，将区块链比喻为"信任的机器"。区块链基于数学原理解决了交易过程中所有权确认的问题，能保障系统对价值交换活动的记录、传输和存储结果都是可信的。区块链记录的信息一旦生成，将永久记录，无法篡改，除非拥有全网络 51％以上的总算力才有可能生成的一个最新区块记录。

区块链作为一种用于资产记录、追踪、检测及转移的数据库和库存清单。可以用于有形资产和无形资产等各个领域。区块链最大的贡献是建立去中心化的信任机制。

区块链可以生成一套记录时间先后、不可篡改和可信任的数据库，这套数据库是去中心化的存储数据并且可以保证数据安全。当然，未来的区块链远比这个要复杂得多（见图 1-7）。

图 1-7　链式结构图

过去，人们将数据记录和存储的工作交给中心化机构来完成，而区块链则让系统中的每一个人都可以参与数据的记录和存储。区块链是在没有中央控制点的分布式对等网络下，使用分布式集体运作的方法，构建一个 P2P 的自组织网络。通过复杂的校验机制，区块链数据库能够保持完整性、连续性和一致性，即使部分参与人存在作假也无法改变区块链的完整性，更无法篡改区块链中的数据。

谈及区块链技术，便不得不每次都提到比特币。很多人都知道，数字货币比特币并不依靠特定的货币机构发行，那么比特币的信用是如何产生？事实上，真正支持比特币的核心便是区块链技术。通过区块链技术，即使没有中立的第三方机构，互不信任的双方也能实现合作。简而言之，区块链类似一台"创造信任的机器"。

区块链技术原理的来源可归纳为一个数学问题——拜占庭将军问题。拜占庭将军问题延伸到互联网生活中，其涵义可概括为：在互联网大背景下，当需要与不熟悉的对方进行价值交换活动时，人们应如何防止不被其中的恶意破坏者欺骗、迷惑，从而做出错误的决策。进一步将拜占庭将军问题延伸到技术领域中，其涵义可概括为：在缺少可信任的中央节点和通道的情况下，分布在网络中的各个节点应如何达成共识。区块链技术解决了闻名已久的拜占庭将军问题——它提供了一种无须信任单个节点就能创建共识网络的方法。

以比特币为代表的数字货币是区块链 1.0，支撑比特币的底层技术本质就是一种极其巧妙的分布式共享账本及点对点价值传输技术，这对金融乃至各行各业带来的潜在影响不亚于复式记账法的发明。2014 年前后，业界开始认识到区块链技术的重要价值，并将其用在数字货币外的领域，逐渐产生以智能合约为代表的区块链 2.0，并将区块链的应用延伸到物联网、智能制造、供应链管理及数字资产交易等多个领域。

2. 实际应用的信用机制

区块链技术在支付领域所拥有的可靠性、交易可追踪大大降低了金融机构间的对账成本，显著提高了处理速度，有助于普惠金融的实现。在物流领域利用数字签名和公私钥加解密机制，能充分保证信息安全以及寄件人、收件人的隐私。区块链的不可篡改、数据可完整追溯以及时间戳功能，可有效解决物品溯源防伪的问题。在文化娱乐领域通过时间戳、哈希算法对作品进行确权，证明一段文字、视频和音频等的存在性、真实性和唯一性，解决互联网生态中知识产权侵权严重的行业痛点。在智能制造领域，其数据透明化使研发审计、生产制造和流通更为有效，同时使企业更具竞争优势。在"互联网＋公益""指尖公益"等慈善领域，区块链上存储的数据具有高可靠性并且不可篡改，提升公益透明度。在教育领域及时规避信息不透明和容易被篡改的问题，如学生信用体系不完整、论文造假等问题迎刃而解。

由于区块链技术使交易信息完全透明、不可更改，极大程度地降低了由于信息不对称带来的信用风险和征信成本。不过，当前互联网在线交易速度以秒计，区块链的反应速度问题是其在大规模应用前面临的一大瓶颈。

无论是房产、汽车等实物资产，还是健康、名誉等无形资产，都可以利用区块链技术完成登记、交易和追踪。可以这样说，任何缺乏信任的生产生活领域，区块链都将有用武之地。

区块链最大的颠覆性在于信用的创造机制。区块链技术基于数学（非对称加密算法）原理进行了信用创造机制的重构，通过算法为人们创造信用，从而达成共识背书。参与者之间进行可信任的价值交换不需要了解对方的基本信息，也不需要借助第三方机构的担保或保证，区块链自身的技术特点保障了系统对价值交换活动的记录、传输和存储的结果都是可信的。区块链记录的信息一旦被生成，将永久记录，无法篡改，除非拥有全网络51％以上总算力的人才有可能修改生成的一个最新区块记录。这样的体系让人们在没有中心化机构的情况下达成共识，超越了传统需要依赖约束制度来建立信任的方式，形成了一种你可以不信任交易对方，但必须信任最终实现结果的信用方式。

3. 瓦解数据孤岛

在大数据时代，区块链的应用将带来更可靠的数据来源和信用体系。在如今的互联网大数据里，不难看出实际上已经形成一个个的数据"孤岛"，这显然与互联网提倡的共享、公开、透明的精神背道而驰。这也导致了数据越发地集中在少数大型互联网企业手中，无法在全社会形成环流，用户作为大数据的生产者也完全没有获得信用资源的主动权，于是，社会的信用成本难以得到进一步降低。

区块链可以帮助我们解决"数据协作"中的数据真实性问题。作为信任连接器，区块链不需要机构将数据共享出来，就可以把数据协作的过程（数据请求、数据提供、数据评价）等信息记录在链上，同时借助去中心化的方式来保证这些信息不可篡改，可永久追溯，而重新建立一种信用体系。可以期待，依靠区块链技术，未来的信用可建立在区块链的数据块上。这也意味着依靠全网的分布记账与自由公证，将会形成一个共识数据库，成就未来的"信用数据大厦"。

目前，国内大数据多是信息孤岛，想要打通数据的连接，实行数据的共享，存在一些问题。所谓的"共享数据"，人们只不过是希望得到别人的数据，而不愿意将自己的数据共享出去。尤其在一些不对等合作场景不得不共享数据的时候，一些机构会有意地提供一些低质量的数据，从而导致沉淀下来的数据的真实性很难得到保证。

经济学中有一个科斯定理，是指在某些条件下，经济的外部性或者说非效率可以通过当事人的谈判而得到纠正，从而达到社会效益的最大化。关于科斯定理，比较流行的说法是：只要财产权是明确的，并且交易成本为零或者很小，那么，无论在开始时将财产权赋予谁，市场均衡的最终结果都是有效率的，实现资源配置的帕累托最优。同样的道理，人类科技的发展趋势肯定是朝着"更低成本，更高效率"的方向前进，区块链作为一种新兴技术，就有可能解决以往"低效并且虚假"的社会数据共享的问题。

1.4.2 构建全新的价值网络

1. 为什么区块链会是价值网络

一般意义上，我们把第一代互联网叫作信息互联网，主要是利用互联网的技术来更快更好地进行信息传输，中国的"BAT"（百度、阿里巴巴和腾讯），其实都是信息传播。区块链技术下的互联网被誉为第二代价值互联网，人们预测它很可能会像第一代互联网那样，带给人类生活翻天覆地的变化。所谓价值互联网，就是使得人们能够在互联网上，像传递信息一样方便、快捷、低成本地传递价值，尤其是资金层面。

信息与价值往往密不可分，在人类社会中，价值传递的重要性与信息传播不相上下。互联网的出现，使信息传播实现了飞跃，信息点对点的在全球范围内高效流动。而价值传递的效率，却还没有得到同步提升。区块链的诞生，正是人类构建价值传输网络的开始。

区块链技术是与互联网 TCP/IP 结构中超文本传输协议（HTTP）同等重要的传输协议，也可以说，HTTP 与区块链价值传输协议是未来互联网应用协议中最核心的两个协议。

在区块链系统内，价值转移过程中两个最重要的问题，即："证明你是谁"和"证明你对即将要做的事情已经获得必需的授权"。主要是通过"非对称密钥对"实现。密钥对要满足以下两个条件：一、其中一个密钥对信息加密后，只有用另一个密钥才能解开；二、一个密钥公开后，根据公开的密钥无法测算出另一个。其中这个公开的密钥称为公钥，不公开的密钥称为私钥。

公钥是公开全网可见的，所有人都可以用自己的公钥来加密一段信息，从而保证信息的真实性；私钥是只有信息拥有者才知道的，被加密过的信息只有拥有相应私钥的人才能够解密。私钥对信息签名，公钥验证签名，通过公钥签名验证的信息确认为私钥持有人转移出的价值，公钥对交易信息加密，私钥对交易信息解密，私钥持有人解密后，可以使用收到转移的价值。

区块链技术在金融领域的运用，如数字货币、价值传输、公共账簿及自动执行等都可能有大作为。

2. 价值网络在金融领域的体现

区块链网络就是价值互联网，它使人们在网上像传递信息一样方便、快捷、低成本地传递价值，这些价值可以表现为资金或其他形式。区块链的应用前景不可限量。由于金融行业是最数字化的行业，所以被认为是可以优先应用区块链技术的行业。目前，大部分区块链创业者的目标，都是瞄准金融行业的应用，如支付、跨境汇款、众筹和数字资产交易等。还有很多金融应用场景在各大金融机构的区块链创新实验室里进行试验，不久的将来会陆续加入金融行业的生产环境中。本书后面会逐步展开讲解区块链在各行各业的落地应用，相信读者会学到很多实用的知识。

预计十年之后，区块链将成为金融行业核心生产系统的基础平台，金融行业的面貌必将焕然一新。与对待互联网金融的态度不同的是，这次全球主要的金融机构对待区块链的态度非常积极。

资金传递不再需要金融中介来作为信任背书，而是依靠一整套数学算法来约束，人们可以点对点地发起自助金融交换。毕竟，点对点的交换可以省去不菲的中介费用。据粗略统计，全球每年的小额跨境汇款，光手续费就要花费近 200 亿美元，如果用区块链解决方案，这笔费用几乎可以省去。

3. 价值网络在物联网领域的体现

区块链的另一个应用前景是在物联网方面。IBM2014 年发表的物联网白皮书《设备民主》给出这样一个结论：当 2050 年联网在线的设备达到 1 000 亿台时，通信带宽以及中心数据库都不可能承担传输、存储和处理这个当量的数据，而且这个数量级设备的身份认证也是现有技术无法管理好的。

未来万物互联的时候，上万亿的设备被接入网络，要真正地实现所有权与使用权分离的共享经济社会，区块链技术也许是最优的解决方案。试想一下，如果把租车人的身份和汽车的身份都登记在区块链总账上，那么租车就像下楼开自己的车一样方便，车辆的出租方也能在区块链上以秒级时间确认租车人的身份，再加上智能合约，一切都自动完成。

第 2 章
区块链思维入门

2.1　通证经济与链改

"Token"在英汉词典中给出的标准翻译是：用以启动某些机器或用作支付方式的代币，如专用辅币、代价券、赠券、礼券。"Token"在网络技术术语中出现其实并不晚，在以太网成为局域网的普遍协议之前，IBM 曾推出一个局域网协议，叫作"Token Ring Network"（令牌环网）。在网络通信中，"Token"是指"令牌、信令"，网络中的每一个节点轮流传递一个令牌，只有拿到令牌的节点才能通信。这个令牌，其实就是一种权利或者说权益证明。

"通证经济"中的"通证"一词来自于"Token"的中文翻译。通证经济的产生是随着区块链的风靡而产生的。随着区块链概念的普及以及以太坊 ERC20 标准的出现，任何人都可以基于以太坊发行自定义的 Token，而很多自定义的 Token 被用作山寨币，然而国家对于利用代币进行 ICO 募资的行为表示严格限制。

国家支持和倡导使用区块链技术来提升业务效率和改进业务流程，其实通证经济和区块链的应用是类似的或者没有明确的界限。但是不管是链改，还是通证改造，都可能存在法律和政策的风险。客观地说，目前我国对于这种新型的商业模式并没有明确的法律规定，我们仅从学术研讨的角度来介绍风靡的通证经济。

通常来讲，通证需要具备三个要素：权益、加密、流通。这三个要素缺一不可（见图 2-1）。

图 2-1 可流通的凭证

（1）权益。通证必须是以数字形式存在的权益凭证，它代表一种权利，一种固有和内在的价值。

（2）加密。密码学充分保障了通证的真实性、防篡改性。每一个通证，是由密码学保护的一份权利，这种保护比任何法律、权威提供的保护可能更坚固、更可靠。

（3）流通。通证必须能够在一个网络中流动，从而随时随地可以验证、交易、兑换。

通过上面的定义可见通证与区块链的紧密关系，虽然说"人人参与、人人持股、公平透明、共享收益"等这些朴素的思想可能数千年前就已经产生，那么，区块链技术第一次让这种近乎理想化的情况成为可能。

2.2　通证经济与区块链思维

传统企业拥抱区块链，一般不外乎是区块链技术、区块链模式和区块链思维三种方式。

区块链虽然是技术创新，但更重要的是其技术创新带来的模式创新和思维创新。通证经济会产生一系列的生产关系变革，通证改造就是赋予传统企业以"自金融"和"自组织"的能力，这是通证经济的核心。理想的"自金融"组织应该是每个个体贡献自己的劳动力，实现基于通证的大规模群体协作，每个创造价值的角色都能够公平地分享价值，充分调动参与，形成"自组织"形态。

通证改造可从以下几个方面开展。

2.2.1　去除中间环节

因为信息和信任的不对称，我们的社会才有了银行、信托投资公司、保险公司、证券公司、信用合作社、金融资产管理公司及金融租赁公司等一系列从事金融活动的中介担保机构。

正是因为缺乏信任，我们才需要通过这些中介开展业务，否则，我们不敢直接借钱给陌生人，也很难开展各类金融活动，这些金融中介起到了非常积极的作用。然而，中介每多一层，我们的利益就会被拿走一些，最终我们把自己应得收益的大部分都分给了金融中介，我们只拿到应得收益的一小部分。

区块链的出现，就是要解决这些问题，让陌生人之间在没有第三方中介的情况下，能够彼此信任，实现价值流转。实际上，经济、商业、金融业中存在大量的中介，我们的生活中也存在大量的中介，未来通证经济有可能消除或者削弱部分中间环节。

2.2.2　构建社区型组织

Jensen 和 Meckling 在 1976 年提出企业是各种生产要素所有者之间以及它们和顾客之间的一系列契约的集合。这些契约既可以是书面签订的也可以不是。企业代替市场的实质，是一套契约体系对另一套契约体系的替代。传统的公司制就是一套契约体系，包括员工的雇佣合同，经销商的分销合同和供货商的采购合同等。在公司制的框架下，组织的边界是清晰的，有限责任公司的出现实现了所有权与经营权的分离，这是人类的进步。

在区块链时代，组织的边界会是动态的、柔性的。人与人之间可以基于项目、基于智能合约以及基于通证进行动态协作，不一定约束在封闭的组织边界之内。这种组织形态，我们叫作社区型组织。社区型组织是有别于有限责任公司的一种新型组织模式，这种组织模式实现了利益相关人与股东合二为一，避免有限责任公司面临的两权分离而带来的委托代理问题。公司制这一组织形式以契约的方式将公司的各契约方绑在同一艘船上，对于这艘船而言，它是顺利前行还是不幸沉没，直接关系到船上所有人员的利益，而社区型组织则是打破企业边界的柔性的、更紧密的利益共同体。

社区型组织用区块链技术代替了传统的契约，但这种新模式也伴随着许多新问题：去中心化的公平与决策达成的效率之间的平衡问题；去中心化的理念与事实上算力集中的问题；不能完全反映现实或与现实脱钩的问题；规则死板与实际情况不断发生矛盾的问题等。

2.2.3　创建需求型生产方式

供求关系是一定时期内社会提供的全部产品、劳务与社会需要之间的关系，这种关系包括质的适应和量的平衡，保持良好的供求关系是社会经济发展的目标之一。一般来说，市场价值决定价格，价格决定供求；反过来，供求影响价格，并通过调节不同生产条件下的生产，影响市场价值的形成与决定。因而市场价值、价格与市场供求关系之间形成一种辩证关系。

传统的社会运作模式，往往是生产者发现并且满足社会需求的过程（也有可能是创造需求）。一个生产型企业从市场调研、产品设计、产品生产到市场销售等环节会涉及如：向银行贷款或投资机构融资所产生的资金成本，打广告、铺渠道所产生的营销成本，必要和非必要的仓储造成的库存成本，架构整个运营体系所带来的管理成本等。这些递增的生产及流通成本其实从本质来说都是由用户最终买单。

区块链时代的通证经济模型是从用户那里拿到资金。提前预售意味着拿到订单，拿到订单就可以按需生产，于是削减了资金成本、库存成本、营销成本和管理成本等开销。这就是通证经济带来的价值，让产业资源重新配置，极大程度减少资源的浪费。

当然，这是一种理想的状态，更有可能发生在固定消费人群的情况下或者是潜在消费者人群意愿成为固定消费人群的情况下。

2.2.4　创立价值共享

马克思在《资本论》里所批判的是"货币资本主义"，即资本家获得剩余价值，而劳动者只能领取薪资，这是资本优先于一切的经济形式。货币资本主义有其历史意义，它适应了资金密集型的工业时代，促进了工业经济的快速发展。但是在高度发达的当今，尤其是计算机已经参与到人类社会和经济当中，并扮演越来越重要的角色，创新的价值产生、流转、交换与分配形式必定会产生。每个参与到生产的人力、物力、资金都应该公平地分享价值增值。

而这种价值激励的媒介，就是 Token（通证）。所有人的行为，都会体现到通证上面，每个通证持有者都可以分享到通证增值带来的收益。这将是一种新的分配机制，也是真正意义上的共享经济。

2.3　通证经济的法律风险提示

通证经济是部分区块链专家主导发展的学说、理论或学派观点，获得了一定数量的支持者，有人将通证经济视为下一代互联网新经济的关键理论，但是这些尚待验证。由于这是一种新的理论，本书尽量做到客观的阐述，请读者自行判断。

涉及通证有可能违反法律法规，这是一个相对敏感的领域。通证并不是货币（通货），也不可能取代货币，大家千万不要把"通证经济"和"ICO"混为一谈。无论何种形式的技术，都必须在遵守国家相关法律法规的情况下开展，创新模式也必须是在合法的情况下进行。

下面介绍通证经济可能违反现有法律的一些情况，所以我们在使用通证改造的时候务必查阅最新的法律法规，并且咨询专业的律师。

（1）比如 Token 的债务属性，即承诺返本付息。该类数字代币的发行模式是通过吸收公众存款，以达到融资目的，按照《中华人民共和国商业银行法》的相关规定，未经国务院银行业监督管理机构批准，任何单位和个人不得从事吸收公众存款业务。因此，在中国境内发行债务属性的通证涉嫌违反法律法规，除非已经取得了国务院银行业监督管理机构颁发的经营许可证。

（2）比如 Token 的债券属性，即数字代币是代表着债务债权关系的凭证，即代币发行方同投资人之间形成资金借贷关系，发行方承诺一定期限内返还相应本金及利息，投资人成为债权人。按照《企业债券管理条例》的相关规定，企业发行债券必须由中国人民银行各级分行会同同级计划主管部门审批，且相应的企业债券发行应由证券经营机构承销，企业债券的转让亦须在经批准可以进行债券交易的场所进行。因此，在中国境内，债券属性的币改有悖于我国法律的监管要求。债券属性币改同债务属性币改的不同之处在于：债券属性的币改有明确的回报期，而债务属性币改的还本付息时间取决于项目情况。

（3）比如 Token 的股权属性，即数字代币代表投资人对企业的所有权凭证，代币持有人凭借持有的代币获得相应的权益，并需要承担相应的责任与风险。公开发行股票的行为按照《首次公开发行股票并上市管理办法》的相关规定，须按照中国证监会的要求制作申请文件，由保荐人保荐并向中国证监会申报。在中国境内，未经证监会批准擅自发行股票，按照《中华人民共和国刑法》第一百七十九条规定，可判处五年以下有期徒刑或拘役。

（4）ICO 禁令。主要指 2017 年 9 月 4 日，中国人民银行等七部委发布的《关于防范代币发行融资风险的公告》，其中指出："代币发行融资是指融资主体通过代币的违规发售、流通，向投资者筹集比特币、以太币等所谓虚拟货币，本质上是一种未经批准非法公开融资的行为，涉嫌非法发售代币票券、非法发行证券以及非法集资、金融诈骗、传销等违法犯罪活动。"ICO 禁令明确规定，面向非特定公众的"ICO"行为是严格禁止的，而面向机构的通证化融资，从法律角度来讲属于"两可"之间。

（5）备案管理框架。2019 年 1 月 10 日，国家互联网信息办公室发布《区块链信息服务管理规定》，自 2019 年 2 月 15 日起施行，相关区块链项目必须在国家互联网信息办公室通过备案审核，2019 年 10 月 18 日，国家互联网信息办公室（网信办）发布第二批共 309 个境内区块链信息服务名称及备案编号。

第 3 章
区块链八大思维

从本章开始，我们来仔细说说究竟我们现在的区块链思维有哪些？我们能从这些思维发散出什么样的新想法？下面就让我们开始吧！

3.1 开 源 思 维

3.1.1 什么是开源系统？

"开源"一词常与"节流"连用，意思是开辟收入的新来源。随着计算机的发展和普及，现今讲到"开源"（Open Source），一般是指开放源代码，开放的对象是程序员、终端用户这两类人群。于是，基本上所有的大型区块链系统，都不约而同地选择了开源，比如比特币、以太坊、EOS、百度超级链和 HyperLedger 等。

2019 年 5 月 28 日，百度超级链官方宣布，百度自研底层区块链技术 XuperChain 正式开源。百度超级链源代码示例如图 3-1 所示。XuperChain 是百度超级链自主研发的区块链底层技术，拥有链内并行技术、可插拔共识机制和一体化智能合约等多项国际领先技术。XuperChain 还宣称开源只是第一步，未来将有计划地开放更多超级链的核心技术和行业解决方案。

图 3-1　百度超级链源代码示例

搞区块链技术开发的人都知道 Github 是一个面向开源及私有软件项目的托管平台，由于只支持 Git 作为唯一的版本库格式进行托管，故名 GitHub。GitHub 于 2008 年 4 月 10 日正式上线，除了 Git 代码仓库托管及基本的 Web 管理界面以外，还提供了订阅、讨论组、文本渲染、在线文件编辑器、协作图谱（报表）以及代码片段分享（Gist）等功能。被 GitHub 托管的项目数量众多，其中不乏知名开源项目，如 Ruby on Rails、jQuery、python、redhat、vmware、Microsoft 等。

对于大众来说，听到"开放源代码"一词可能仍然一脸懵圈，用更通俗的话说就是一些厂商或团体将自己研发的代码或专利开放，让大家都可以免费使用。如很多人使用的安卓手机所搭载的安卓系统就是开源的操作系统，三星、华为、小米等很多手机品牌都使用了开源的安卓系统。

安卓系统（Android）主要被用于移动设备，如智能手机和平板电脑，由 Google 公司和开放手机联盟领导与开发。与安卓系统对应的是 IOS 系统，即苹果移动端操作系统，由苹果公司于 2007 年 Macworld 大会上发布。最初 IOS 系统是设计给 iPhone 使用的，后来陆续套用到 iPad 以及 Apple TV 等产品上。Unix 和 Linux 都是 PC 时代的开源操作系统，对应的是微软 Windows 操作系统，个人计算机大部分安装的是 Windows XP、Windows 8 等微软研发的操作系统。Android、Unix、Linux 是开源的，IOS 和 Windows 是商业系统，是不开源的。

3.1.2　什么是开源思维？

目前，几乎所有的主流区块链系统都是开源的，互联网产业发展到区块链这个时代，开源几乎已经成为标配和常规，将比以往开源程度有更显著的普遍性。

开源究竟有什么好处？我们能通过开源系统学到什么呢？开源现象背后蕴藏着什么深层寓意？下面我们从专利拥有者、专利使用者两个角度展开来谈，同时，我们再从计算机领域扩展延伸，探讨一下开源思维在汽车、新能源、日化、餐饮、建筑、艺术品等行业应用的可能性。

1. 对于专利拥有者

（1）开源可以解决资金、人力、地域、空间的局限性

通常的商业公司一般是基于创始人的特长和资源而被建立的，雇佣公司所需的员工，研发制造某种产品或者提供某项服务以保持运转，这基本上是世界上公司或者项目运行的简单描述。公司只有给出一定的薪酬才能雇佣到合适的人才去推动公司目标的达成。

比如纳爱斯集团是专业从事洗涤和口腔护理用品的生产企业，其产品包括雕牌洗衣粉、雕牌洗洁精等，那么只有纳爱斯的员工才会把研发生产雕牌日化品作为自己的工作目标。换句话说，纳爱斯只能凭借自身有多大的实力，能养活多少员工，才能决定雕牌日化能发展到什么程度。这就相当于设定了一个天花板！如果纳爱斯将自己的技术和品牌开源给 100 家其他中小企业，又能通过法律手段很好地控制和管理这 100 家企业，那么纳爱斯就相当于多开了 100 个分公司。

以太坊是全球最大的区块链项目之一，也是全球第二大数字货币经济体。以太坊联合创始人 Joseph Lubin 在 DevCon5 大会上表示，目前全球有 30 万开发者，他希望到 DevCon6 时，以太坊开发者数量能突破 100 万。而这些开发者，几乎全都不是以太坊的员工。

开源能突破资金、人力、场地等因素的局限性，让一个项目变得无穷大。

(2) 开源可以提升项目质量，打造更加完美、健壮的系统

在开源系统中，大家可以一起发现漏洞，共同改进，提高安全性能，最终使得系统趋于完美。在开源社区中，很多程序员会共同讨论，互相点评，一起开发新功能，人多力量大，功能也越来越强大。

华特·迪士尼音乐厅是洛城音乐中心的第四座建筑物，位于美国加州洛杉矶。音乐厅落成后，其片状屋顶上，凹凸的抛光不锈钢板，如一面面大镜子，炙热的阳光反射到周边的公寓里或路面上，致使垃圾桶温度上升而出现自燃，汽车也出现被烧烤变形的现象，随时可能引发火灾。由于反光引发的一系列工程灾难使得该音乐厅成为著名的失败建筑。如果在施工前将设计及施工方案进行公布，哪怕只是将外形部分开源发布，这个缺陷就可能会在初期被纠正和指出，从而避免一系列后续的麻烦。

上面我们只是举了一个建筑的例子，其实很多产品缺陷、项目失败的原因都可能是缺少竞争者的审视和同行专家的改进。当然，如果把产品和项目都开源肯定是不现实的，很多内容是公司的核心竞争处或商业机密。即便如此，具备开源思维仍然具有它的独到之处。

（3）开源可以避免闭门造车，用真实需求带动产品开发

比如甲将自己的系统、专利、设计等一系列知识产权开源，乙、丙、丁等个人开发者或企业开发者（开源开发者）加入了甲（开源运营者）的阵营。不同的开源开发者会面向各自不同的用户，会收集并且反馈大量用户的真实需求。不仅如此，不同的开源开发者也会不断地看到其他开源开发者的产品，他们会不断地交流而产生新思维，这样会帮助开源运营者确定真正的市场方向，把握未来的趋势。

2019 年第二季度移动端操作系统市场份额中，Android 操作系统占比为77.14%，高居榜首，苹果 IOS 操作系统占比 22.83%，位居第二。而在 2015年移动端操作系统市场份额中，苹果 IOS 占比 30%，Android 占比 40%，其他为 30%。很多果粉们都不得不承认现在的安卓系统越来越好用，更加实用和贴心了，而 IOS 的本地化确实做的还不如 MIUI、EMUI、Flyme。随便举几个例子，比如 NFC 公交卡、NFC 门卡模拟器、情景交互以及各种骚扰拦截等功能，Android 更快更好地提供了支持，而 IOS 要么缺失，要么晚半年才能提供。

诺基亚、摩托罗拉、柯达都曾经是绝对的行业领袖，由于过于庞大而导致反应迟钝和视野短浅，无法顺利转型，错失新时代的浪潮而陨落沉沦。开源这种方式，可以从某种层面让大公司避免因为体系过于庞大而造成反应迟缓，避免因为管理层战略决策失误而造成无法逆转的失败。如果你的公司在所处的领域目前领先，不要骄傲，要居安思危，除了可以考虑将公司平台化，还可以考虑开源思维。当然也应该思考和尝试更多其他的方法和理论。

2. 对于专利使用者

（1）多快好省，专注于自己核心优势

现在社会分工越来越细致，每个企业没必要在全部的生产经营环节都自己做，比如使用开源系统就是一个非常好的选择。如果小米自己必须开发手机操作系统，自己必须设计生产制造芯片，那么也就没有可能发展成为全球

手机巨头的今天。

现如今，一个企业的核心竞争力不再局限于研发和制造，超低成本、营销运作、精美设计、市场宣传，甚至是多快好省的组装都可能使其占有市场的一席之地，获得成功。专注于自己擅长的环节，哪怕其余环节都使用了开源的思维，也有可能大获成功。这是创业者和企业经营者应该认识且还应深刻理解的。

(2) 提升自己，社交互动，获得大量机会

当你融入优秀的开源社区，你可以非常快速地学习到很多业内高手的知识和技能，社区良好的气氛会让你充满动力，良好的互动和社交会让你感觉有很多人在并肩战斗。当你提供代码的时候，你会把代码写得简洁明了，并做好代码注释，社区的很多同行或产业相关人士都会看到。当很多同行提出修改意见的时候，你的代码就会越来越完备，越来越强大。

整个社区里有很多产业相关、志同道合的人士，如果你在社区里能逐渐树立起良好的个人形象，可能将会有更多的机会和资源向你靠拢，你的职业发展可以借此得到提升。

当然，对于企业来说，更加能够在开源社区中获得益处，比个人获益更多。

3.1.3　开源思维适用的场景

开源很重要的前提是所在国家法律健全，尤其是具备丰富知识产权保护法，公民和企业能够遵纪守法。开源社区并不一定只是一个软件社区，其实各行各业的线上或者线下的社区都可能是一个开源社区。我们也可以认为凡是以技术开放和谋发展为主题的社区都可将其视为开源社区。能尽快找到并利用好开源社区，无论对于个人还是公司都是至关重要的。

想加盟成都小吃可以找成都小吃的社区，想做手工皮具可以找手工皮具

的社区，想成为自媒体网红可以找传媒的社区，从理论上来说，开源思维适合各行各业。

2014 年 6 月，电动汽车顶尖厂商特斯拉宣布开源其所拥有的全部专利。2015 年初，以"丰田生产方式"闻名的丰田公司宣布开放其约 5 680 项燃料电池相关的专利，包括倾力打造的最新氢燃料电池车 Mirai 的关键技术专利。可见，全球电动汽车产业正形成大开放、大变革的新发展格局。

开源机器人是一种应用于科学研究和教学的资源开放型机器人，其主要特点体现在机器人硬件或软件的开放性上。由于硬件和软件资源的对外开放，极大地方便了技术开发人员的技术交流及二次开发。相信随着开源机器人的逐步普及，机器人技术的发展将会被推向新的高潮。iCub 是一个开源的认知仿生机器人平台，由意大利科学家们制作而出。它配有 53 个发动机用来支持头部、胳膊、手、腰和腿部的运动。另外，它也能够看和听，通过使用加速器和陀螺仪具备了人类外形和行为意识。这是一种能够在不断的失败尝试中汲取经验并最终学会履行复杂任务的机器人技术。

开源思维注重拥抱同行，共同发展，倡导的是专注于自己的核心优势，利用好开放的环境和现有的技术资源，哪怕是与竞争对手的同台学习。开源思维反对故步自封，闭门造车，反对你死我亡的竞争状态。

那么，什么样的场景更适合开源呢？其实相对于传统意义上的低端生产制造，脑力密集型的项目更适合开源。还有需要长期持续开发，需要众多人类思维投入或者单个公司很难完成的项目，可以考虑开源。

3.1.4 开源思维产生的赢利模式

开源并不就是意味着免费，各种开源的主要限制在发布。所以个人或商业公司开发的软件中包含了 GPL（GNU General Public License，即通用公共授权）的代码，只要你不发布，才可以任意使用的。开源许可模式包括 GPL、LGPL、BSD 等，我们很熟悉的 Linux 就是采用了 GPL，BSD 则和 Apache

Licence（著名的非盈利开源组织 Apache 采用的协议）很类似。无论使用何种开源软件，一定要提前仔细地研究其许可协议，否则可能因为侵权被追索巨额的赔偿金。

另外，所有的开源免费并不是真正的不收费，而是采用另一种收费方式。开源的目的一定是需要换回有商业价值的回馈，如果外力阻断了这个链条，则开源体系必然崩裂。下面列举一些常见的开源系统的盈利模式。

（1）盈利模式之一：多种产品线

如 MySQL 产品就同时推出面向个人和企业的两种版本，即开源版（免费版）和商业版（专业版），分别采用不同的授权方式。开源版的免费是为了更好地推广品牌，扩大市场占有率。商业版是需要付费购买，它为付费用户提供了免费版不具备的高级功能或者更优的性能。

（2）盈利模式之二：技术服务

在这种模式中，开放源代码软件采用了一种全新的市场方式，并非面向产品，而是针对技术服务。产品完全免费，但是专业的支持服务需要付费购买，比如提供技术文档、安装调试、专业培训、客服支持、五年免费升级后的服务等。

（3）盈利模式之三：应用服务托管

这种模式适用于基于开源软件的应用服务供应商（ASP）。由于 ASP 的客户没有自己的硬件和软件系统，而统统租用 ASP 的产品。只要客户支付租金，ASP 就会帮其搭建好一切，客户便可以得到相应的结果和报表。ASP 方案对于提供复杂企业解决方案的软件厂商、IT 专家以及普通企业来说，都具有十分重要的意义。

（4）盈利模式之四：软硬件一体化

这种模式是针对硬件制造商而言的，即"免费软件＋收费硬件"。比如 IBM、SUN、HP 等公司，在开源软件领域投入巨大，但这一切并非是做善事，而是从配置了开源软件的硬件中获得巨额回报。IBM、HP 等服务器供应商通过捆绑免费的 Linux 操作系统销售硬件服务器，SUN 公司已经将其 Solaris 操作系统开放源码，以确保服务器硬件的销售收入，也是这种模式的体现。

(5) 盈利模式之五：附属品销售

在这种模式中，主要是出售开放源代码的附加产品。比如在低端市场，出售杯子和 T 恤衫等。在高端市场，出售专业编辑出版的专业图书等。如著名的 O' Reilly 集团是销售开源软件附加产品的典型公司，它不遗余力地联系各开源软件权威人士，组织各种开源软件的会议，虽然知识是免费的，但 O' Reilly 出版了很多优秀的开放源代码软件的专业图书却是收费的。

以上列举的几种模式较为常见，实际上还有其他，比如说纯粹为了建立品牌而开源，为了获得用户和流量而开源等。在现实中，各种模式可能并不是独立的，而是互相嵌套，同时出现的。

3.2 共 识 思 维

3.2.1 什么是共识？

1. 人类的共识

共识，即共同的认识。有了人类就有了共识（尽管原始社会中还没有"共识"这个词语）。初级的共识只是一种让一个多样化团体在不发生冲突的情况下作出决策的方法。

人类的共识，大的方向可以分为思想共识和天然共识。思维活动产生的结果中，共同认可的称为思想共识。观察感知的结果中，共同认可的称为天然共识。比如，"知识是人类进步的源泉"——思想共识；"太阳是圆的，会发光发热"——天然共识。再比如，"母爱是伟大的"——思想共识；"水是流动的，海洋里有很多水"——天然共识。

天然共识虽然具备物质本能性，但本质上也是人类意识思维的结果。比天然共识更高级的抽象思维会形成思想共识，比如我们知道的很多定理、真理等就是思想共识，世界观、价值观以及意见、观点和看法等都属于思想共识。人类的共识可以被固化、传承和传播。我们每个人在小的时候，爸爸妈妈不厌其烦地教给我们很多常识，于是，我们对于最基本的环境有了统一的共识。我们上学、读书、接受各种教育的过程中，知识的共识会顺利传达被我们接受，这样便扩大了有统一共识的受众群体。

共识对于人类极其重要，人类社会的一切运转可能都与共识相关，人类最大的智慧在于通过共识形成合作，抵御自然威胁而得以生存繁衍。人类纷争、社会动荡、国际矛盾本质是共识的流失、撕裂和瓦解，社会文明、经济繁荣、人民幸福本质是共识的达成、凝聚和升华。

2. 区块链的共识

在区块链体系中，共识机制是指大部分网络成员就某条数据拟交易达成一致规则，并就此对账本进行更新的机制。区块链共识机制的目标是使所有的诚实节点保存一致的区块链视图。但必须同时满足三个性质。

（1）一致性。分布式存储系统通常通过维护多个副本来提高系统的可用性，需要付出的代价就是必须维护多个副本的一致性。

（2）有效性。由某诚实节点发布的广播终将被其他所有诚实节点记录在自己的区块链中，而共识机制是在参与节点之间管理一系列连贯事实的规则和程序。

（3）去中心化治理。单一中央机构不能提供交易不可改变性。

共识机制是区块链技术的重要组件，区块链作为一种按时间顺序存储数据的数据结构可支持不同的共识机制，比如实用拜占庭容错算法（PBFT）、工作量证明（POW）、股权证明（POS）、股权委托证明（DPOS）等。不同的共识机制会产生很大的差异，但是一般存在以下参数和特性。

（1）节点性。节点通过既定方式来交换信息，可分多个阶段或层级。

（2）可验证性。此流程验证参与者的身份和验证交易的完整性。

（3）不可否认性。确保发送者确实发送了信，同时协助确保只有既定接收人才能读取信息。

（4）容错性。即使某些节点或服务器失效或运行减慢，网络仍能高效、快速地运行。共识算法允许关联机器连接起来进行工作，并在某些成员失效的情况下，工作仍能正常进行。这种容错能力是区块链和分布式账本的另一主要优势，并有内置冗余余量以作备用。

（5）性能。包括吞吐量、实时性、可扩展性和延迟性。

除了以上提到的基本性质和参数特性，还要考虑可扩展性、数据容量、治理、安全性和失效冗余等方面的要求。

3.2.2　消费即共识

消费是利用社会产品来满足人们各种需要的过程，其实就是商家与消费者达成共识的过程。比如在地铁站旁边有一家海鲜自助火锅店，价格中档，现代化装修风格，某用户在这里消费就说明该用户的预期——品类、位置、价位、口碑等至少有一项与火锅店达成了一致，哪怕这种一致只是一方主观认为的一致。买卖双方一旦达成契约（消费），双方都要为自己的共识预期承担责任并且履行义务。

但是，共识也是有风险的，很正常。如果完全没有共识，人类就不可能发展到今天，社会也不可能进步。

人们对产品服务不再满足于物质层面的功能诉求，更看重产品承载的价值主张、人格标签等精神方面的价值。人们购买物品是自我意识、心理需求、生活价值的一种折射。如果一个企业不能让产品达到用户心里的理想状态，那么这个企业的产品就不能长久。如果买卖双方的生活方式和价值观总能达成共识，那么产品流转的效率会更高，双方的愉悦感那就最强。

现在是一个"共识经济"的时代，商家闭门造车或主观臆想可能很难获得成功。

2017年9月，一则麦当劳官网公告标题为："谢霆锋跨界麦当劳｜全新'星厨系列'汉堡限时开售！"正文第一段是："这一季的神秘星厨，原来，是他！新晋星厨谢霆锋倾情跨界麦当劳，与星级大厨拉蒙·弗雷克萨联袂演绎中西倾心之作。9月22日起，两款全新'星厨系列'汉堡限时发售！满屏星品福利，速速来收下！"

怎么理解这个公告呢？麦当劳基于对消费者调研数据的理解和判断，打算创造一个新的共识。当然，共识必定涉及双方，更准确地说，这是麦当劳希望能够在未来与顾客达成一个新的共识，希望新的产品能满足顾客的需求，销售火爆。

管理大师艾·里斯有一句名言："市场营销不是产品之争，而是认知之争。"那些销售火爆的产品一定是引起了消费者共鸣甚至是共振，真正好的产品是有故事、有价值观、有态度的。比如说"褚橙"的成功，本质上就是八十多岁再度奋斗的褚时健创业精神的成功。褚橙更像是褚老的价值传递、态度化身，这与当下年轻人虽然压力很大，但仍然勇于挑战，砥砺前行，对未来充满期望的现状高度契合。当然，褚橙的成功是诸多因素综合作用的结果，比如电商销售、名人推荐、社会化营销传播等，这些因素都是必不可少的。

互联网思维里的用户至上——用户思维，本质上是从用户需求的角度设计产品，提供给用户真正最需要的产品。区块链思维的共识是一种提前锁定用户的策略，给予现实经济更多的指向性。在区块链经济中，是先与用户达成共识，用户接受协议下单后再生产，用户甚至还可以因为消费而获益，这样用户所获得的会远超满足需求、达成共识，而进入了更高的层面。

人类达成共识的机制有很多，如中心化权威、等价交易、意识形态等，而区块链共识讲究通过平等、自愿、公平的方式达成共识，这种共识思维实际上包含了去中心化的理念。所以区块链时代下的商业体系的共识思维更注重由内而外、发自内心和主动参与，以期达成平等、开放、透明的共识。

互联网思维下的共识是相对共识，区块链思维下的共识接近绝对共识。

3.2.3　共识思维的高级运用

共识让世界进入平静、和谐、稳定、融洽的状态，可以避免相当多的矛盾，大部分的共识因为过于理想化并不存在。共识是造物主——"超级计算机"，让世界更有序的法宝。当然，每当新的共识有序达成以后，很快会进入新的无序和新的无共识，整个宇宙、世界、人类就是这样螺旋式上升和进化的。

共识是人类事务高效运转的终极法则，共识思维是更高效地达到目标的有力武器，如果我们能很好地利用共识思维将事半功倍。举个例子，一名男士想追求一名女士，如果能完全理解这个女士的想法和需求，那么求爱的过程将会变得非常容易。我们可以将女士的需求分为两大类，一类是共性的需求，另一类是个性的需求。共性的需求无非就是爱情（你要全身心的爱她而且要动真感情）、惊喜（制造意想不到的惊喜）、浪漫（研究浪漫的定义和法则并且灵活应用去照做）以及安全感（给她为未来的小宝贝降临做好奋斗终身的准备）等。个性化的需求则是很多因人而异的细节，比如爱好、审美、世界观、价值观等，主要是女方对自己未来伴侣的预期除共性需求以外的描述和想象。男方能追求到自己的女神，无非就是满足或者符合了女神的共性需求和个性需求。

如果你能与领导达成高度的共识，碰巧自己又有能力，又作出了贡献，那么你升职加薪就很简单了。如果你能理解父母的期待，而父母又非常理解你的所作所为，那么父母将不再唠叨了。如果你能懂你的客户，明白客户方关键决策人物的想法，那么做乙方也就没有那么多痛苦和不安了。

这样的排比，可以延续很多。你可能会问，这些都是大道理，这和我又有什么关系呢？共识思维可以教给你，抛开所有感情因素，屏蔽没必要的、繁杂的、朦胧的细枝末节，直奔达成共识，这样成功的概率岂不是会高很多？将有限的智力、物力和财力用于解决核心问题，不要把时间浪费在鸡毛蒜皮的无关因素上，相信这是很多成功人士具备的成功秘籍之一。

有的人穿着、谈吐和行为很招人烦，自己却意识不到，这是一件悲哀的事情。有的人不断地给自己的目标制造重重障碍，让成功的共识离自己越来越远却浑然不知，这也是一件悲哀的事情。

对于一个公司或团体，共识尤其重要。企业的成功绝不是一个人的单打独斗，而是一个团队各司其职、通力合作的结果。所有经营管理、绩效体系、企业文化的目标都需要全体员工达成高度的共识。产品设计的过程也是共识形成的过程，大家在理性的讨论中不断地加深思考，进行多种尝试和验证，产品被设计得越来越贴近用户的预期。很多时候我们说自己提出的方案却让其他部门不配合或者不支持，主要原因可能在于相互之间没有达成共识。共识思维对于企业所有者、管理者和普通员工去完成本职工作都有一定的促进作用。

3.2.4 共识思维关注的几个问题

共识思维强调掌握对方真实全面的需求，理解对方的背景和环境，客观详细地记录双方的需求以及多级关联信息并进行梳理、画像和建模，再通过科学、全面的分析找到直达目标的路径，利用高效的手段更准确、更快速地达成共识。

如果对共识思维进行简化，一般将会归结如表 3-1 所示的几个问题。

表 3-1 共识思维关注的问题

问题 1	对方想要的到底是什么？		
关键主体	对方个人分析	对方集体分析	对方关联方分析
具化详述	得到↔付出，进出管道与蓄水池示意图 表面↔实质，要对这个"什么"进行非常准确的描述，画像 起源↔结果，用流程化图示，编码与标签 失败↔成功，概率分析，每一个环节的概率，每一种结果		
问题 2	我想要的到底是什么？		
关键主体	自方个人分析	自方集体分析	自方关联方分析
具化详述	得到↔付出，进出管道与蓄水池示意图 表面↔实质，要对这个"什么"进行非常准确的描述，画像 起源↔结果，用流程化图示，编码与标签 失败↔成功，概率分析，每一个环节的概率，每一种结果		
问题 3	我如果站在对方的位置，我会怎么办？		
关键点	角度—出发点	内部环境—外部环境	主体—人物—事务
时间因素	过去历史	目标达成时	目标达成后
具化详述	用黄色和红色分别表示自己与对方，清晰的流程推理与演算 无法确定或无法明确的部分用黑匣子替代 概率统计，借助工具软件实现数学分析与统计 高纬空间，上帝视角		

最终回答的问题是："如何达成共识？"当然，对于这个，可以再拆分为几个子问题，如："我应该付出什么，付出多少？""我必须得到什么，得到多少？""我应该如何实现自己的目标？"等等。

当然，这个说起来简单，实际上操作起来可能较为困难。因为你无法分辨表象和实质，并且信息和数据掌握不全，即便有信息也不一定是真的，即便有数据也不一定准确，你不可能知道对方公司太多的信息。

但是，作为一种思维模式，当你不断地训练和实践，你会发现你越来越接近客观事实。你可能永远无法获得真相，但是当你把"一句话目标"逐渐细化，不断地描述使其越来越立体、详细，你会发现你能思考的东西越来越多，而原来你想认真思考却无从下手的窘境正在逐渐被克服和摆脱。从一两句话的口号扩展为数十项、数百字的思维导图或流程图，各种关联信息、历史事件、前因后果、环节与分支等逐渐被添加进来，你会发现距离真相越来越近！

3.2.5 共识与客观及创新的关系

1. 共识与客观

"客观"作为一个哲学名词的释义是：客观是一个抽象名词，独立在意识之外，不依赖精神而存在的，不依人的意志为转移的。这句话强调了"意识之外"，自然万物、日月星辰都是意识之外的存在。可是所谓离开意识的"自然万物、日月星辰"不也是自然映射在我们人类意识中的存在吗？如果没有了人类，那怎么可能有这"自然万物、日月星辰"这八个字呢？

"客观世界""客观事物""客观真理"是我们经常使用的词汇，除此以外，我们平时就经常讲要把握客观现实，处理事情要客观公正等。其实，我们所谓的客观根本就不存在，根本脱离不开"主观信念"。我们常常观察到的"客观"是什么呢？只能说是共同认识，简称共识。

牛顿第二运动定律的常见表述是：物体加速度的大小跟它所受的作用力成正比，跟物体的质量成反比；加速度的方向跟作用力的方向相同。表达式为 $F=ma$。这是一条被人们普遍认可的真理，基本上是所有科学家的共识。把冰加热可以化成水，这也是人类的共识。所以，我们也可以看到，"真理往往就是共识，共识往往就是真理"。

既然是我们研究形成的共识，那么肯定有对世界理解不够准确、甚至是错误的共识。比如"地心说""日心说"等，就是由于人类认知的提升，发现了它们不能够很好地解释现实世界，于是在历史的长河中逐渐被抛弃。共识可能是不断被更新的，共识与时间有关。

2. 反共识与创新

被大部分人认可的共识就是对的吗？其实真理也可能是错误的，或者说在某一段时间内是对的，在未来就成为错误的了。所以有的时候，真理、共识，反而成了阻碍社会前进的绊脚石，而勇于打破共识，才是创新的开端和可能。

关于马云创业的文字和视频在互联网上有很高的点击量，央视纪录片《书生马云》里，瘦小的马云梳着八分头，背着一个黑色单肩包，敲门找人，逢人便讲："我是来推销中国黄页的。"很快，一脸迷茫又不耐烦的人们将他"请"出门外。当马云开始做淘宝的时候，也曾经给无数个零售百货业的大老板讲网上商城的概念，可是这些大企业家都把马云说的话当成玩笑来听。最终零售百货业发展到现在，我们看到很多商场都经营困难。

这就说明了一个道理，所有人都认可的真理和共识，可能并不是对的，很多真正伟大的企业可能在诞生之初都是被人误解和嘲笑的。同样是做电商，美国的亚马逊公司也是靠着颠覆所谓的真理和共识发展起来的，亚马逊几乎是全世界最早布局云计算的公司，贝索斯相信有一天，卖"计算"就像卖商品一样。我们都知道，IBM、微软、惠普等公司在传统的计算能力和 IT 设施构建方面是绝对领先的企业，然而一个搞电商的亚马逊在没有内生基因优势的前提下，却进入了云计算行业，而且发展到现在，其市场份额大于其最主要的竞争对手之和。这不值得我们思考吗？

亚马逊颠覆了网上书店，颠覆了传统超市，甚至颠覆了它自己。从零售到生态，从物流平台到技术平台，还有人工智能无人送货……为什么亚马逊要不断地去颠覆？很重要的原因就是贝索斯的反共识思维。贝索斯认为如果要创新,必须能够承受长时间的被人误解,也就是说你必须采用一个非共识但要正确的观点才能打败竞争对手。他在三个重要常识问题的理解上与他人不同,它们是:现金流和利润哪个更重要?变化和不变哪个更重要?Day one 和 Day two 哪个更重要?

我们再说另一家企业,特斯拉横空出世之前,电动汽车被人们视为是不成熟的、低端的、不入流的、不起眼的交通工具,然而马斯克却将特斯拉打造成为具有许多划时代的特质,变为酷、高科技、时尚、开放的高端汽车。在奔驰、宝马等豪华车将触摸屏逐渐引入汽车内部的时候,特斯拉却全盘放弃了按键,用一块大的触屏解决所有问题,包括空调、天窗等均用触控的方式调节。特斯拉开启了全世界汽车的电动时代,所有知名汽车厂商纷纷跟随和效仿。全世界的人们一谈到电动汽车,第一个想到的肯定是特斯拉电动汽车。2019 年 12 月,特斯拉收盘价超过 400 美元,728.26 亿美元的市值使得特斯拉成为全球第三的汽车制造商,市值仅次于日本丰田和德国大众。

如果我们想成为成功人士,那么我们可能也要像马云、贝索斯和马斯克一样,不要被共识所迷惑或吓倒,即便全世界所有人都认可的事情,可能也并不是对的。对于创业者而言,敢于挑战权威,能保持独立的思考和崇尚科学的态度是很重要的。

3.3 去中心化思维

3.3.1 什么是去中心化?

去中心化是随着互联网发展而形成的形态和内容,是相对于"中心化"而言的新型网络内容的生产过程。去中心化是信息科技领域的发展趋势,很多新模式和新兴科技巨头都是顺应去中心化的趋势而诞生的，比如博客、微博、微信公众号、快手以及抖音等赋能给每个最平凡的互联网用户，让每个人都成为自媒体。笔者曾经网络撰文提出，区块链其实和自媒体有异曲同工之妙，区块链将 IT 推动的去中心化从内容生产领域扩展到了"金融"这一电子信息技术长期很难去中心化的领域（见图 3-2）。

区块链将以往很难去中心化的金融（甚至是无形的信用）去中心化了，不过这只是开始，去中心化的潮流将继续奔涌向前。

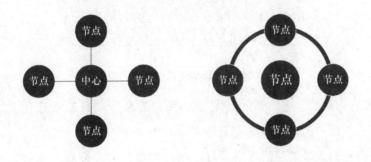

图 3-2　中心化与去中心化

技术的应用总是从低级到高级，从简单到复杂，从最初的互联网只有文字内容，发展到现在影视直播等视频内容随时可观，随手可得。现在的电子商务开始卖红酒、奢侈品和汽车的时候，说明它进入了更高级的阶段。区块链就是从信息互联网到价值互联网，万物上链，万物互联的更高级数字时代的开始。

董事长是一个公司的最高职位，总裁向董事长汇报并且同时负责公司的运营，这就是最典型的中心化。去中心化，顾名思义就是削弱中心或者建立更多的"中心"，是一种趋于网状结构、每个参与者尽量平等的组织新模式。去中心化的理想状态就是完全点对点的平等网络，去中心化是区块链最重要的特性之一，是区块链运行的基础。以比特币为例，比特币不由一个国家的央行发行，也没有国家的信用背书，没有一个中央权威去决定币值，也没有一个中央交易系统去验证交易。比特币在包括我国在内的大部分国家并不合法，但其中某些思维模式我们可以学习和借鉴，这里就包括了去中心化。

区块链创造了一种神奇的"三位一体的生产关系"，那就是"所有者、劳动者、受益者成为一体"，换句话说董事长、总经理和员工可能地位上完全平等，收益上完全平分（见图3-3）！在区块链的世界里，甚至可能实现"财产公有、人人平等、共同劳动、共同收获、天下大同"的伟大理想，构建乌托邦的天堂。区块链可以构建一个完全透明、诚信、平等的数字世界，这不得不说是人类发展史上的一个奇迹。

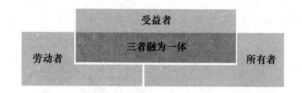

图3-3　区块链可以实现三位一体的生产关系

传统企业家的口号，如"公司就是我们的家""员工就是企业的财富""客户第一、员工第二、股东第三"等，但是我们知道这可能是"真实的谎言"，喊口号的人最关注的肯定是自己利益的最大化。而在区块链的世界里，不需要你做这样的排序，用户既是员工也是股东，大家都在一条船上，这就是一种共赢的机制。

3.3.2　中心化与去中心化

1. 优劣势对比

中心化导致腐败，绝对的中心化导致绝对的腐败。"中心化"组织一个很重要的特征，就是权力高度集中。权力高度集中，优点是办事效率会相对较高，缺点是存在"信任"问题。而"去中心化"的组织机构，权力比较分散。权力分散造成的缺点是办事效率较差，成本较高，优点是比较容易获得"信任"。

当然，这里说的并不是绝对的，后面我们将会综合辩证地来讨论这个问题。

2. 去中心化的优势

去中心化相对于中心化来说，更稳定、抗风险能力更强、消耗更低、更公平、更透明及更简单。总的来看，区块链的去中心化具有以下优势。

(1) 容错性强，低故障风险

去中心化的系统不太可能因为某个局部出现问题而停止工作，因为它依赖很多独立的节点工作。在传统的中心化机制下，哪怕是发生单点故障——比如一台服务器出现故障，都可能导致整个平台或网站无法访问。但在去中心化平台中，即使单个或多个节点关闭，其他节点也不会受到影响，并继续执行指令。

(2) 安全性及稳定性强，不易被攻击

去中心化的系统不容易被攻击，即使系统的某一个或几个节点被攻击，也并不会影响整个系统的运行。因为区块链上的信息是以分布的方式保存在每个节点中，所以即便是单一节点或者某几个节点被篡改或者被破坏，也很难改变原始数据，由此能够很好地保证数据的安全性。即便是海啸、地震和战争，区块链都能稳定如一地承载着它的信息。

(3) 数据无法被篡改

在中心化的企业或组织中，管理者们为了自身利益，往往会私自更改数据，损坏客户利益。而去中心化系统中每个节点都是独立平行运行的，且数据记录不可更改。这样各种数据就更公开透明，客户的利益能够被很好地维护。

(4) 对抗审查，减少干预

在去中心化的网络中，由于数据或信息是通过对等网络发送和接收的，因此被审查或被干预的概率较低。

（5）降低信任的成本

当前的信任成本是极高的，比如银行为了让我们信任而放心把钱存进去，每年要花掉不少的系统维护成本（后台、前台、门面等维护），同时银行还能够获得数以万亿计的利润。在用户角度看，这些其实就是成本。为了省心放心地存钱、取钱，我们每年要耗费不少成本供养银行体系。

去中心化能够降低信任化成本，当然这并非绝对的，在解决实际问题的时候，需要论证和计算。

（6）打破大公司数据"霸权"

我们的信息数据掌握在各大移动互联网公司手中，几乎没有隐私可言。相关数据显示，仅2018年上半年就有三千多亿条记录遭到窃取。在解决这个问题上，区块链从最初设计阶段就融入了隐私保护的细节，私钥保证了数据的私密性，区块链的匿名性也具有极好的隐私保护机制。在传统互联网中，假设你的信息存放在阿里巴巴，如果阿里巴巴把数据分享给今日头条，你是不知道的。在区块链网络中，你会掌管着自己的数据，无论你的数据出现在什么地方，只有你的私钥才可以管理。

（7）抗勾结性

去中心化系统的参与者们，很难相互勾结，人们很难通过几个人的投票或者干预而达到损害他人的目的。也可以说，去中心化系统可以抵御合谋。

3. 值得探讨的几个问题

（1）绝对性与相对性

有的人说去中心化成本更低，有的说中心化成本更低。有的人说去中心化效率低，有人说中心化效率才低。有人说去中心化可以防止数据被篡改，有人会反驳说银行管理着几十亿账户都没有出现数据被篡改的情况。同样的，有人会质疑去中心化就安全吗？去中心化的规则往往是公示透明的，如果有人硬要攻击或者节点串通，那岂不是更危险吗？

客观地说，以上不管是讲到优势还是劣势，都是相对的，我们要辩证的来看待。社会发展的潮流滚滚向前，去中心化和中心化可能会是同时存在且相伴而生的，在不同的时间、地点、场景下，即便是同一个问题，答案可能都不相同。同样的道理，中心化与去中心化也是相对而言的，比如亿万个零散的博主在微博中组成了一张去中心化的网络，但是很多大 V 又形成了相对的中心，而且微博本身就是一个中心化的平台。

我们的社会，很少存在绝对的去中心化，中心化又往往包含着去中心化。

（2）中介与中心

中介性又叫中间中心性或居间中心性等，最形象的例子就是喜欢牵线搭桥的中间人。中间人占据了其他两人联络的中介位置，中介性指数较高的人，其能操纵资源、控制流通的表现就越明显。中介中心性衡量了一个人作为媒介者的能力，指的是一个结点担任其他两个结点之间最短路径的通道次数。一个结点充当"中介"的次数越高，它的中介中心度就越大，这就回答了为什么"中介"和"中心"有的时候可以混为一谈。"去除中间环节"和"去中心化"有的时候也非常相像（见图 3-4）。

中介与中心非常相像

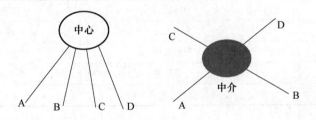

图 3-4 中介与中心

中心性（centrality）相关的概念还有度中心性（degree）、接近中心性（closeness）和特征向量中心性（Eigenvector Centrality）等，理解这些概念有助于理解中心化生成的原理和中心化运作的机制。

(3) 去中心化与分布式

以加油站为例，在高速公路旁可以看到很多中石化加油站，它们分布在不同的地点，但都由中石化总公司控制。而去中心化指的是，在分布式的节点中，没有一个中心控制节点。我们都知道蚂蚁社群中存在中心——蚁后，蚂蚁可以理解为是一种分布式的组织，虽然每个工种、每只蚂蚁都可以独立运行，但是其是有中心的。很多非群居动物或者群居但是没有首领的动物，就是去中心化存在的例子。

去中心化和分布式是两个很容易混淆的概念。事实上，二者很难完全分开来谈，往往是你中有我，我中有你。去中心化和分布式在很多条件下很可能是一致的。互联网本身就是去中心化的工具，但自从互联网诞生以来，新的网络中心和科技巨头却不断产生。

3.3.3　从互联网到区块链

互联网与区块链的对比见表 3-2。

表 3-2　互联网与区块链对比

	互联网	区块链
渠道	渠道为王	瓦解渠道
市场	垄断市场	自由市场
经济	分享经济	共享经济
内涵	信息互联网	价值互联网

自从 1969 年互联网诞生以来，互联网已经发展成为融合人工智能、物联网、大数据、云计算、机器人、虚拟现实以及工业互联网等技术的广义"互联网"。尽管互联网已经非常发达，但其仍然是信息网络。由于信息与价值的

密不可分，我们有了互联网这个全球范围的高效可靠的信息传输系统后，必然还会要求有一个与之相匹配的价值传输系统——于是区块链就此诞生了。

区块链之于互联网的改变可不单是这些，还有很多方面。

1. 全自由市场削弱渠道价值

当前我们的商业世界是以渠道为王，渠道就是中介。在传统市场中，国美、苏宁、沃尔玛和物美等大型商超是渠道，也是中介。我们知道绝大部分时尚品牌都要给商场缴纳进店费、租金、押金、促销费和装修费等各种费用，时尚品牌要想赢利必须先让商场赚到钱。

互联网时代，天猫、京东等几乎垄断了网上销售的渠道，原以为互联网可以一定程度地消灭渠道，结果互联网入口本身成为了一种控制力更强的渠道，最后商家还是把利润交给电商平台了。

当然，存在就是合理的，但是如果中介越来越强势以至于超出合理的范围就有可能被革命。比如做产品和内容的商家，辛辛苦苦想出创意、设计出产品、严把加工制造质量，到头来没挣到多少，而渠道却坐享其成，长此以往谁还会好好研发产品？

通过区块链，生产者可以把产品和内容首先推广出去，因为东西越好越受欢迎，人们就愿意转发，同时，转发也可以获得奖励。这将导致传统渠道和互联网渠道逐步失去价值，好的产品和内容，即使没有最好的渠道，也会传播开来，价格自然会上涨。

因为区块链构建的是点对点的分布式网络，生产者和消费者可以直接连接，当生产者和消费者在同一条船上，中介自然就被剔除或者削弱了（见表3-3）。

表 3-3　三个市场对比

传统市场	互联网市场	区块链市场
自然进化市场	自然进化市场	纯自由市场
渠道为王（国美、苏宁）	渠道为王（天猫、京东）	削弱渠道价值

2. 组织长尾供给与 C2B 方向定制

我们都知道区块链是信任的机器，在区块链的世界里，实现了信任的创造、保持和传输。这就决定了在区块链社群内，可以方便地实现以往互联网中信用不足或很难可信可控的业务场景。天猫、京东卖的大部分商品都是标准化的产品，并没有实现大范围的个性化定制。但是在区块链的世界里就不一样了，强信用可以支撑高度个性化的需求。比如你想要一条在特定位置打了几个洞的牛仔裤，比如你想要来自罗纳尔多在某场比赛的球鞋，你可以把你的需求列出来，再付出一定量的 Token 让别人相信你，并支付定金以便发动众人帮你找到你想要的这个东西。再比如个性化的东西需要专门定做甚至采用 3D 打印等，也都可以在区块链的世界中实现。你可以将这个理解为 C2B，C 来组织长尾的 B 的供给，但前提是 C 有足够的信用来证明自己，这就需要区块链。

3. 从分享经济到共享经济

分享经济强调的两个核心理念是"使用而不占有"和"不使用即浪费"。不难看出其本质是以租代买，使资源的支配权与使用权分离。共享经济一般是指以获得一定报酬为主要目的，基于陌生人且存在物品使用权暂时转移的一种经济模式。分享经济分享的是闲置实物资源或认知盈余，共享经济共享的是线下的闲散物品、劳动力及教育医疗资源等。分享经济和共享经济都是基于互联网——尤其是移动互联网而产生的新型经济模式，主要依靠手机来完成，本质上是依靠第三方平台实现所有权、使用权、收益权的调度和分配。

分享经济和共享经济在很多方面可以进行比较和探讨，共享经济中的参与主体地位是平等的，分享经济中的参与主体地位是有差异的。共享经济更注重分配物品的公平性，而分享经济更注重分配物品的效用性。共享雨伞、共享单车、共享充电器等很多所谓的共享产品，其实都是假借共享之名美化的租赁业务，本质上是分享经济。因为这种供给都是由少数头部商家来提供的，而这种情况下，会非常悲哀的出现消费降级。

去中心化和分布式结构的区块链，有可能带来共享经济的应用和普及。因为，区块链网络中对等的个体之间，可以通过强安全和强信任实现产权的临时转移，区块链网络中所有的数据都是确权的，这一点互联网是做不到的。所以说，从互联网到区块链的转化，有可能实现从分享经济到共享经济的大转化。

3.3.4 应用模型与场景设计

现实中的业务各式各样，千差万别，但是抽象出来无非有两大类：分散式的状态和中心化的状态。

1. 分散式的状态

表 3-4　分散式的状态

序号	常见的四种分散式的状态（无中心状态）
a	因为各种原因天然无中心
b	利益太小没有中心生存空间
c	中心正在形成或可能会形成
d	无所谓中心不中心

表 3-4 中的 b 状态很适合通过 IT 手段解决，传统的方式可能利益太小，但是利用电子信息科技，可能将事业做大。国际汇兑中的小额跨境汇款，比如我们要给非洲难民捐款 80 元，这种小额交易很多银行或传统机构是不愿意

做或者无法做的。在这种情况下，利用区块链就很好地解决了。支付宝就是靠这种零碎的小额交易收付款才有了今天万亿存款的金融帝国。很多伟大的创新正是利用新兴科技，用创新的模式和好的手段，才将传统情况下难以实现、微利薄利、很难扩展、很难成规模、增长停滞或缓慢以及难突破界限的业务，进行了符合规律和趋势的改造。

a 状态和 d 状态。比如说百度、腾讯以及阿里巴巴之间，竞争原因导致无法形成附属关系，但是基于区块链可以做到不泄露数据的情况下将结果进行跨链输出或者数据交换，这就有可能使这几家公司在未来某天会结束这种纯竞争关系，开始数据共享和合作。

c 状态。很多西北农村，家家户户都安装了太阳能发电板，发出的电主要用于自家使用。未来，有可能将所有这样的发电板进行联网，再将未安装发电板的周围村民接入进这个网络，形成一个去中心化的电交易市场。村民安装太阳能发电板的好处，除了可以自用，多余的电还可以进行销售盈利。

2. 中心化的状态

表 3-5　中心化的状态

序号	常见的三种中心状态
a	目前中心化做得很好
b	目前中心化做得很差
c	中心化与非中心化同时并存

表 3-5 中的 b 状态，比如津巴布韦币，面对金融体系几乎崩溃的情况，政府也在尝试构建去中心化的金融。

但是实际上，大部分中心化系统做得还可以，易用性和性能都强于去中心化系统，是 a 状态。

在匿名性和隐私性远超其他性能的应用中，如黑市交易、洗钱这些非政府监管的场景，即 c 类中的非中心化环境中，区块链是非常理想的工具。

讲究尽可能民主、公平、对等的环境下，也非常适合使用区块链技术。

3.4 分布式思维

3.4.1 分布式存储与计算

区块链是一种由集体共同维护，以分布式块链结构存储数据，使用密码保证传输和访问安全，能够实现数据一致存储，无法篡改，无法抵赖的技术体系。分布式网络存储技术采用可扩展的系统结构，不但解决了传统集中式存储系统中单存储服务器的瓶颈问题，还提高了系统的可靠性、可用性和扩展性，这种组织方式能局部提升信息的传递效率。需要注意的是，分布式网络实现的不仅是分布式的存储，还有分布式的计算。

那么，分布式和去中心化是同一回事儿吗？其实这是一个非常难回答的问题。有人说分布式推动了去中心化，分布式导致去中心化的产生。有人说去中心化是一种动态的进程，而分布式是最终的结果。也有很多人认为去中心化就是分布式，因为当你把一个中心化网络的中心拿走，网络自然就分散为多个节点或多个子网络了。其实分布式网络也可能是中心化的（见图 3-5）。

我们这里并不纠结去中心化和分布式的细微区别，在分布式思维中可能偶尔出现去中心化，去中心化思维中也偶尔会出现分布式。分布式和去中心化对于区块链很重要。分布式思维和去中心化思维，对于区块链思维也同样重要，我们在展开阐述的时候会有不同的侧重点。

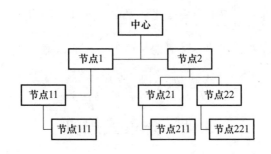

图 3-5 分布式中心网络

3.4.2 从传统型企业到平台型企业

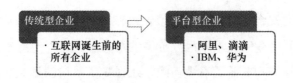

图 3-6 传统型到平台型企业

1. 传统企业的平台化转型

熟悉企业管理和战略转型的朋友们都知道,在符合一定条件的情况下,实现平台化转型是传统企业持续做大做强,保持并且赢得更大竞争力的法宝。平台化转型和信息化发展密不可分,尤其对于一些具备资本和实力的大型企业来说,伴随着企业高度的信息化,实现企业规范而灵活、扁平而高效的管理,将责权匹配下放,可以充分激发平台业务单元的自主动力和活力。企业母体成为一个资源供给平台,提供有价值的品牌、市场、技术、资本等输出,转变为服务各业务模块的平台。华为、海尔是这样平台化转型的标杆。

当然,对于平台化战略不同的人有不同的解读,也有人把传统公司深度融合和使用互联网等信息科技称为平台化,贝壳(链家)就是成功的例子。企业的平台化转型是个自我否定的过程,基于互联网的信息技术是必要条件,但思维的转变和组织的设计更重要。因此，平台化转型往往是自上而下的过程。

2. 传统企业与平台型企业

表 3-6 传统型企业和平台型企业

序号	项目	传统型企业	平台型企业
A	员工关系	正式雇佣关系	正式雇佣关系
B	用户/顾客	控制用户	控制用户
C	核心数据	控制数据	控制数据
D	产权管理	股东、董事会	股东、董事会
E	企业性质	实体盈利型企业	实体盈利型企业
F	资金流	基于法币的商业活动	基于法币的商业活动
G	组织结构	成熟稳定的内部组织结构	成熟稳定的内部组织结构
H	产品服务	标准化产品和服务	灵活多变的产品和服务
I	边界	清晰的企业边界	无限扩张，几乎没有边界
J	运营模式	封闭式运营	开放的赋能型平台
K	劳务人员	偶尔付费使用	免费加入，企业大量使用
L	生态系统	公司小生态	产业大生态
M	资源调用	本公司资源	产业链资源

我们将平台型企业的定义收缩，只观察和讨论基于互联网平台的新型企业，得到上面的表格（表 3-6）。信息科学技术的发展，打破了固有的金融、市场、经济和文化的边界，更多的"小人物"被赋能获得了更大的能力和权限。淘宝让每个人都能开店，让每个人都能通过网络交易赚到钱，滴滴打破了传统出租车行业的行政垄断，让每个人都能开出租车，爱彼迎让每个人都能做小房东，微信公众号等自媒体让每个人都能写作赚钱。

通过表 3-6，可以看到传统企业跟平台化企业也有一些共性的地方。

A：不管是一个皮鞋厂的生产员还是互联网平台的雇员，与企业之间其实都是通过正式劳动合同签署的雇佣关系。

B 和 C：控制用户和数据，是企业的核心资产和命脉。

D 和 E：以股东、董事会、总经理为代表的管理层运营着以盈利为目标的实体型企业。

F：两种企业都是开展基于法币的商业活动。

G：两种企业的所有经营活动都是基于成熟稳定的内部组织结构。

一般来说，提供标准化产品和服务通常是一个传统企业经营的中心。这样的企业基本上都是封闭运作，有非常清晰的企业边界；而且往往有一个非常成熟、稳定的内部组织结构。而一个平台型企业，就像滴滴出行这样的企业则具备以下所列举的传统企业并不具备的一些资质和特征。

H：灵活多变的产品和服务，随时迭代和升级平台就能提供"新"的产品和服务。

I：企业边界无限扩张，可以说几乎没有边界。传统企业的生产经营活动都有时间、空间的边界，平台型企业可以跨地域、365 天×24 小时的运营，只要有平台的地方就是新的边界。

J：平台提供更多订单让接入方获得更大收益，各种类型的产业主体没有理由不接入开放平台。

K：所有的劳务人员随时可加入，随时可退出，注意这里劳务人员可能是签署短期合同的非正式员工。

L：依托强悍的信息技术和互联网思维，通过平台构建起近乎完美的大型生态系统。

M：高效调用产业链资源，以滴滴为例，汽车租赁公司、出租车公司、私家车、客运公司、代驾员、驾驶员、乘客等都可能被调用。

2. 平台型企业的威力

平台型的企业有多厉害呢？据不完全统计，截至 2018 年，滴滴已经完成了涉及三十多个投资机构及个人的 17 轮融资，融资额总计超过 1 300 多亿元！滴滴的投资方中拥有国家队背景的公司包括中投公司、中信产业基金、中信资本、交通银行、中国人寿以及中国邮政等。滴滴的估值高达 5 000 亿元，已经成为全球最大的科技"独角兽"企业之一。

平台型的企业对于传统企业甚至全球化企业，完全是高一个量级的，它们在竞争的时候会形成"降维打击"（时间和空间都是维度），其实背后的原因就是摩尔定律和梅特卡夫定律。摩尔定律讲的是随着时间推移，人类使用 IT 计算所要付出的成本越来越低，IT 信息化的普及必定会造成全球越来越多的主体（个人、企业等）加入更多的平台。梅特卡夫定律讲的是一个网络的价值等于该网络内的节点数的平方，而且该网络的价值与联网的用户数的平方成正比。梅特卡夫定律指出，一个网络的用户数目越多，那么整个网络和该网络内的每台计算机的价值也就越大。

一个互联网平台型的企业，随着用户数量的增加和网络的扩大，所能带来的价值呈指数级的增加。

3.4.3 从平台型企业到分布式经济体

1. 平台型企业与分布式商业体

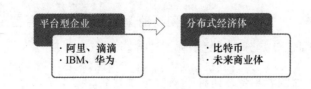

图 3-7 平台型企业到分布式经济体

表 3-7　平台型企业和分布式经济体

序号	项目	平台型企业	分布式经济体
A	员工关系	正式雇佣关系	近乎无员工
B	用户顾客	控制用户	无用户控制
C	核心数据	控制数据	去数据控制
D	产权管理	股东、董事会	公众产权
E	企业性质	实体盈利型企业	软硬件数字体
F	资金流	基于法币的商业活动	基于 Token 的经济机制
G	组织结构	成熟稳定的内部组织结构	分布式商业组织
H	劳务人员	免费加入，企业大量使用	多重身份于一体
I	边界	无限扩张，几乎没有边界	无限扩张，几乎没有边界
J	运营模式	开放的赋能型平台	开放的赋能型平台
K	生态系统	产业大生态	产业大生态
L	资源调用	产业链资源	产业链资源
M	产品服务	灵活多变的产品和服务	灵活多变的产品和服务

今天这些看似不可一世的平台型企业，可能在不远的将来会面临基于区块链的"分布式经济体"的一系列挑战。原因很简单，分布式经济体不仅遵循摩尔定律和梅特卡夫定律，而且经济主体"成为"了智能的软硬件，人反而因为"愚笨和低效"逐渐退居幕后。笔者曾经在公开分享时讲到过，未来有一天，人反而会成为阻碍世界发展和进化的绊脚石。当然，这种说法比较极端，可能招来一片骂声，这只是为了研究方便，基于纯理论的状态引申出的观点，也是为了让大家更好地理解，无论如何人肯定是计算机的主宰，即便是到了未来高度发达的数字世界中同样还是。

平台型企业和基于区块链的分布式经济体，有一些类似的地方。

I：无限扩张，几乎没有边界。网络的边界可能就是平台型企业的边界，区块链的边界可能就是分布式经济体的边界。

J：开放的赋能型平台，两种形态都可以赋能。淘宝这样的电商平台，本身并不做零售的业务，而是让千百万的商户在它上面销售自己的产品和服务，让用户在它的平台上完成购买。

K：构建的都是产业大生态。两种形态的商业组织，经营目标都是为了形成各自的生态系统。

L：调用产业链资源。现实主体和两种形态的软件中主体对应，通过程序或软件调用资源。平台型的企业和分布式经济体，都注重跨主体的协作，而不像传统企业只能实现内部的协作。

M：灵活多变的产品和服务。平台型的企业和分布式的经济体，提供的都是多样化的商品和服务，既能满足个性化，也能实现长尾效应。

不同于传统型企业和平台型企业，分布式经济体并不追求对用户、数据的控制。以比特币为例，比特币账本自比特币诞生以来所有交易记录、账户记录，都可以被任何人随意地下载获得，最新的记录可以实时同步。比特币的创始人中本聪也无法控制比特币网络，所以比特币没有"所有权"的概念。比特币没有公司形态，这可能让大部分人无法理解和体会。

2. 分布式商业体

以比特币、以太坊为代表的生态协作的分布式组织，还有很多独特之处。如分布式组织可以实现无员工、公众产权、软硬件数字体、基于 Token 的经济机制以及多重身份于一体的主体等。分布式经济体是基于 Token 的商业形态，没有公司也没有员工，通过 Token 实现所有持有者共同的拥有、共同的生产、共同的获益。分布式经济体所有经济激励的机制，都可以通过数字的 Token 来实现。智能的硬件和软件可以作为独立的个体，参与到日常的经济活动当中。平台型的企业虽然也是高度数字化的，但是这些平台和使用平台的主体并没有构成一个可独立运行的经济体，平台方只是和使用方构成了一种临时或持续的契约关系。而这种契约运行的基础还是基于传统的社会、经济和法律。

我们设想未来一个构建在区块链基础之上的分布式的"滴滴出行"，所有的私家车只要符合要求就可以自动加入，所有乘客与所有私家车完全是点对点分布式网络的运行。乘客在享受完出行服务之后，基于智能合约全部自动的结算，不需要再有滴滴公司这样的中心化机构。这就是未来可能会出现在人们生活工作中的分布式经济体。

3.4.4　区块链是更低成本、更大规模协作的技术

分布式的网络、点对点传输、加密算法、共识机制、复式记账法、智能合约等共同构建了区块链信用的网络，这种信用是可以产生、保持和传输的。分布式网络通过分散的个体，而不是传统的中心或中介，将信任、协作的成本降到了极低。当然，更加智能和高级的软硬件参与到协作中，更进一步降低了很多人工成本。

传统的股票市场是已经发行的股票转让、买卖和流通的场所，股票交易大部分通过交易所完成。议价买卖或竞价买卖、直接交易或间接交易、现货交易或期货交易，无论何种交易方式，买卖股票其实只完成了交易这个环节。每天收市之后，背后还有一项庞大的工作，就是结算。而通过区块链技术，结算即交易，交易即是结算。

相关数据显示，2019 年有 2 700 万美国人使用比特币，约占美国人口的 9%。而且鉴于比特币的指数级增长速度，分析师预计比特币全球用户数量将在 2024 年达到 2 亿。部分公开数据表明，截至 2018 年初，全球约有 168 万台蚂蚁 S9 矿机在运行，考虑到其他型号矿机、矿池因素、算力不均等因素，全球矿机保有量大概在 240 万台以上。可见，分布式经济体有可能实现史无前例的全球的大规模协作。

比特币本身是一种数字货币，货币可以产生、促进、组织、调整人类的协同和协作。每一次货币的更替和创新，都伴随着人力、财力、物力资源的

调整和经济活动的变化。分布式经济体构建了一个理想的新形态，更进一步
增加了我们的协作范围，除了人与人的协作，软硬件数字体与人类的协作，
甚至还实现了软硬件数字体之间的协作。这极大地扩张了网络，实现了更大
范围的协作。

比特币网络中，矿场、矿机、矿工、钱包、社区、用户、交易所等，这
些本身零散的资源之间，可以相互的协作，产生价值。哪怕是一个极小的个
体，也能成为其中的一员，共享这个网络。不仅是人可以参与到分工协作，
矿场、矿池、矿机等这些硬件或资源通过智能合约，也可以单独成为不同的
个体参与到协作中来。

3.4.5　个人如何利用好分布式思维

上面的内容大部分是站在宏观层面讲述经济中的企业和公司，但分布式
思维对个人有什么用处呢？社会正朝着分布式的目标前进和进化，我们个人
如何抓住这其中的一些机会呢？

固定地点上班已经不再是必要的选择。我们要清醒地认识到，在互联网
高度发达的今天，固定地点上班只是每个年轻人可能的选择之一，大量的互
联网平台可以为我们提供更加多样化、更加自由、更多回报的机会。快手和
抖音让很多人成为广告代言人、卖货达人。很多直播平台、短视频平台为无
数平凡的创作者提供流量变现的工具。很多人通过淘宝、闲鱼、有赞或者众
包平台，利用自己的培训、设计及漫画等特长获得收益。很多知识付费平台
让各个不同领域的专家学者都可以出售知识。滴滴出行可以让每个会开车的
人挣到钱。微信公众号、今日头条等自媒体就更不用多说了。

阿里巴巴集团副总裁李飞飞曾经遇到一个难题——真人识别 10 亿张图片
并且给每张图片贴标签，这也是专业大型劳务公司也不可能完成的艰巨任务。
李飞飞采取了众包模式，通过亚马逊的 AMT 平台，雇用了 5 万人来帮她做图

片分类，圆满完成了任务。而这项壮举为其成为全世界顶尖人工智能大师提供了真实有价值的原材料。李飞飞曾经公开表示，ImageNet 思维所带来的范式转变意义重大，尽管很多人都在注意模型，但我们要关心数据，数据将重新定义我们对模型的看法。

平台型企业在社会中扮演着越来越重要的角色，分布式经济体陆续出现，势必会发展壮大。年轻人如具备科学思维，对未来有前瞻性的判断，在遵纪守法的前提下，勇于尝试新的机会，或许就会取得成功。

3.4.6　自然与社会法则

大雁在迁徙时总是几十只、数百只，甚至上千只汇集在一起，互相紧挨着列队组成雁阵。头雁带领雁阵加速飞行时，队伍排成"人"字形，一旦减速，队伍又由"人"字形换成"一"字形。最靠前的大雁虽然叫头雁，但并不是首领，其他任意位置的大雁都是可以随时替换上去的。当有猎人开枪打死其中任何一只，或者任何一只生病、掉队的时候，或者有新的大雁加入雁阵的时候，大雁们很快自然的会形成一个相对固定的队形。

在自然界，自然的法则可以运行地非常顺利，甚至足以形成智慧的群体。凯文·凯利是《连线》（Wired）杂志创始主编、互联网领域最受欢迎的"预言家"，在《失控》一书中有过这样的阐述："没有开始、没有结束、没有中心，或者反之，到处都是开始、到处都是结束、到处都是中心。"天地根本不关心什么乱七八糟的中心化、去中心化和分布式这些概念，生命各自沿着不同的轨迹向前，才有了我们宇宙万物，芸芸众生。

未来的社会可能会发生翻天覆地的变化，很多科幻电影中的场景可能真的会出现。类人脑智慧机器，人类和机器不同形式的混合体，人类大脑信息上传到计算机网络中，增强型人类，匪夷所思的东西将会充斥着我们的世界。区块链恰巧可以充当人类与智慧机器的媒介，共识机制在人类与机器之间的信息交流有可能会发挥作用。在数字经济连接世界的过程中，通过区块链构建"绝对"信任，由不可谋朝篡位的智慧机器来管理。机器人与机器人不再是孤立的个体，它们会被连接到一个可以互相通讯的网络中，也可能通过区块链实现协作以及信息、数据或价值的传输。为了实现它们的目标，数字智能将要求其在网络上进行某些交易，其中许多任务可以通过区块链的共识机制来自动管理。

3.5 通证思维

我们都知道，通证是区块链最具特色的应用，业内曾盛传一种观点说"不发通证的区块链，比一个分布式数据库好不了多少。"这并不完全对也不完全错。区块链技术在不断地发展和变化，是新世界的底层支撑技术之一，而通证经济可能是其中一种初级形态。当通证与区块链完美结合之后，能够产生突破边界束缚的能力，能够促进生产关系的重构，带来的除了效益的优化和模式的改善，更是生产角色的转化和生产关系在架构上的颠覆。

3.5.1 什么是通证？

对传统实体企业进行数字化与通证化改造，需要熟练地掌握区块链思维和技术，前提是必须在国家相关法律法规允许的情况下开展。一般而言，通证改造鼓励大家把各种权益证明，比如门票、积分、合同、证书、资质等全部拿出来通证化，放到区块链上流转，将企业经营的各个环节"上链"，使得企业整体升级为区块链经济体。一个标准的区块链经济体通常是分布式的自治组织，通过发行 Token，凝聚共识，来替代传统企业协作模式。通过 Token 实现产业链上下游和生产消费端的融合链接，让参与创造效益的各种利益相关者，都具有组织的长期利益的共治和共享权力，从而提升生产力。

不同通证体系之间或者同一通证体系内，形成自由定价市场，让市场自动发现其价格并形成数字市场经济，再借助于区块链或者可信的中心化系统使这个体系得以运行，从而把数字管理发挥到极致。当然，实际情况会比这个复杂很多，比如涉及市场的管控，需要计算出更加精准的数据模型等。就像中国刚刚实行市场经济的时候，必定存在不计其数的问题，但是通过不断地调整、改进和完善，中国的市场经济变得井然有序，健康发展。

试想通证经济再发展十几年，站在未来的"新通证时代"回头来看现在，会发现现在基于会计记账原则以及股权方式来进行企业管理可能是非常原始的，因为在那个未来的时候通证经济会把人类的数字管理能力推到一个全新的高度。

3.5.2　通证思维适用的场景

1. 存在数据孤岛或数据共享困难的情况

大数据系统需要收集海量的数据，但实际上，当前的主要数据都被不同的平台所拥有和掌握。例如同一个用户，可能在多个平台消费，使用多个社交化软件，每个平台都只拥有他的一部分信息，而非全面的信息，这就形成了名副其实的信息孤岛。这同样表现在电子政务领域，数据在不同部门独立存储、独立维护以及相互孤立，形成了物理上的孤岛。

各大互联网平台掌握的用户个人信息和用户创造的数据，是这些企业的资产和财富，更是企业的核心竞争力，企业当然不会共享，比如阿里巴巴基本上不可能和腾讯共享用户数据。政府不同部门之间，即便是每年都在推进数据共享共治，但是实际执行起来困难重重，而且不同部门主观层面也并没有太大的积极性。即使是相互交换数据，一些机构也会有意或无意地提供一些低质量的数据。在机器学习领域有这样一句老话，"进去的是垃圾，出来的也是垃圾。"当数据质量完全无法保障的时候，再好的数据模型，也无法得出正确的结果。

那么如何利用区块链打破这种僵局呢？

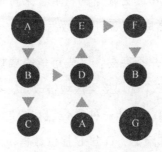

图 3-8　传统型到平台型企业

图 3-8 模拟了一个 A、B、C、D、E、F、G 的关系图，通过箭头可以看到数据的依赖关系，这些关系完全是假想出来的，仅仅是为我们研究举例使用。从图 3-8 可以看到：

A 向 B 和 D 提供数据（总共有两个 A）；

B 向 C 和 D 提供数据；

C 并不向第三方提供数据；

D 向 E 提供数据；

E 向 F 提供数据；

F 向 B 提供数据（总共有两个 B）；

G 并不需要其他方的数据，也不向其他方提供数据。

图 3-8 中 A、B、C、D、E、F、G 的关系图可能就代表了现实社会中不同政府部门数据关系，这种并不规则且看起来混乱的关系非常普遍。那么如何才能打破这种困局，实现数据的有效、精准和高效流转呢？

遇到这种情况，我们就可以通过区块链的通证思维模式对现有体系进行改造和升级。我们可以从更高的维度、更大的范围来部署一张区块链网络。区块链具有去中心化、数据不可篡改及永久可追溯的特性。我们可以通过全网的分布记账、相互公证和透明诚信的特点，来打造一套关于数据的"信任机制"，形成一个共识数据库，从而打破数据孤岛。

当然，这个事情实施并不容易，首先可能需要更高权限的上级部门介入或者某个 IT 公司能说服各个部门接受区块链改造，在区块链网络部署实施后实现的场景应该是这样的：设计一种通证（如 TT Token）；TT 可以在 A、B、C、D、E、F 之间自由流通；D 向 E 提供数据，则 E 向 D 支付 TT；一个 TT 对应一次数据请求或一条数据；数据付出多，则收获的 TT 多，可以得到相应的奖励或 TT 本身就是奖励。

区块链可以高度保护隐私，不会造成数据泄露或传播，在保护数据的情况下得到他方查询的结果，数据交换并未造成复制备份，而且数据所有权并未改变，可以对提供劣质或者虚假数据的行为制定惩罚措施。

当然，实际情况远比这要复杂，对业务流程客观全面的梳理可能就需要不少时间，思维模式的设计需要灵感、计算和推演等；模式设计好后再转化为区块链产品，产品再对应技术开发实现，区块链和原有平台的技术、数据、逻辑再融合，都是需要投入很大的人力和精力。

一个典型的案例就是将区块链与大数据结合，用于征信领域，那么互联网金融行业中让人头疼的征信难题就会迎刃而解。传统征信市场面临信息孤岛的障碍，如何共享数据充分发掘数据蕴藏的价值，传统技术架构难以解决这个问题，而区块链可以打破数据孤岛，为征信难题提供一种全新的思路。

2. 存在暗箱操作或徇私舞弊的情况

存在暗箱操作，往往是因为很多环节不透明，缺少监管机制或者对监控执行不够严格。存在徇私舞弊的情况，往往是因为部分人掌握了太大的权限，而存在权利失衡的情况。出现这两种情况，究其根源是因为缺乏区块链的透明和公开的特性。区块链的分布式记账法——让每个人或者更多的人来记录、证明和决策，就是解决暗箱操作和徇私舞弊最好的解决方案。

区块链讲究的是规则大于一切，所有的行为、活动都必须在公开和遵守规则的情况下开展，既然加入区块链网络就必须遵守规则，如果不遵守规则就会被"踢出局"或者无法使用这个网络。有的区块链网络设定了见证人机制，用来监听目标链上的事件和状态并签名，签名后才能进入下一个流程继续执行，比如 Ripple 的 Interledger Protocal 的早期版本。

一个设计完美且有公信力的区块链网络形成后，大家都按照规则进行活动，所有的行为都是透明的，因而就不会出现暗箱操作和徇私舞弊的情况发生。

3. 并不适合传统股份制公司或新兴的商业模型

社会的发展，诞生了很多新兴的商业模式和平台，也诞生了很多传统股份制公司难以承载的经济行为和活动，比如说娱乐造星或一些全球跨地域、跨平台的 IP 创造与运营。

我们举一个例子，拿"淘气猴"漫画平台举例（"淘气猴"是一个虚构的漫画形象）。"淘气猴"最初是一位网络昵称为"QQ龙"和他的几个网友聊天时候产生的创意，他们共同讨论完成了最初的故事梗概。随后"QQ龙"搭建了一个论坛，几个人开始进行基于在线的分工和创作，于是"淘气猴"漫画正式诞生，并且三个月内更新了二十集。随着"QQ龙"和几个网友的推广，"淘气猴"平台用户量已经突破 10 000 人，创作队伍也逐渐壮大，脚本、主笔、上色、勾线、分镜、嵌字及助理等总共达到二十来人，创作者开始按照读者的反馈沿着不同的故事主线同时进行多版本创作。"淘气猴"漫画读者越来越多，很多读者都被"淘气猴"深深吸引，并且充当起义务推广员，于是"淘气猴"漫画平台蒸蒸日上，发展迅猛。

但好景不长，平台用户量突破 50 000 人的时候，"淘气猴"漫画平台的用户量增长越来越慢，消极的情绪弥漫着整个论坛。对于创作者来说，以前大家靠兴趣爱好，自发分工每天忙到凌晨一两点钟，大家都任劳任怨，时间长了身体也吃不消。对于用户读者来说，新鲜感、热情和激情冷落下来，不再为平台卖力地宣传和互动。还好，"QQ 龙"的好朋友里有一位是搞区块链的，帮他设计了一套通证经济模式。

"淘气猴"漫画总体对标 100 个亿的通证（Token）。"QQ 龙"和最初几个网友以创始人身份总共可获得 10 亿个通证，区块链上线后随即发放 3 亿个，以后每年发放 1 亿个作为奖励。这些创始人通过分工完成管理及运营工作，若中途有人退出，将不再得到奖励，退出者对应的奖励被其他未退出的创始人均分；若有人消极怠工或未完成 KPI，则视为自动退出。区块链上线后，即发放五千万个 Token 给其他十几位创作者，按照规则进行分配，同时所有创作者接受读者的打赏换取报酬，越受欢迎的作品的创作者其所得越多。对于想要付费使用"淘气猴"动漫形象的企业或者商家，必须在"淘气猴"区块链平台自由交易区中购买 Token。

以上仅仅是一个通证思维的案例，并不完美，存在很多问题，也并不一定可行。为什么呢？区块链的通证改造和互联网＋是类似的，一个企业想进行互联网＋改造，不可能仅凭二三百个字就能讲清楚，更不可能凭几段话就完成互联网＋了。

4. 其他适用性条件及补充说明

本节所述的通证思维改造还适用很多其他的情况，比如中间环节过多或参与者过多造成的混乱，现有的信用体系脆弱或效力低下的困境等等。通证思维强调的是利用通证的流通和流转来解决一些原来很难或者无法解决的问题，通证思维其实和"区块链＋"有很多类似的地方。

举个网络文字内容版权保护的例子。版权保护是区块链应用常提到的一种场景。现有版权保护流程中，举证成为一个非常困难的环节，文字内容的创作者因为忘记用户名、密码、作品网址等各种原因，可能无法找到最早发表内容的证据，使得举证难度和举证成本都大大增加。

在引入区块链技术之后，内容创作者可以将自己的内容创作上传至链上，从而形成独一无二，不可篡改的时间戳，在举证环节中，可以方便直接地确认内容的创作时间，从而解决有关内容创作归属的信任问题。当然，让创作者都到同一个区块链平台创作存在很大难度，为了增加区块链版权保护系统的适用性，保护系统可以对全网的博客、微博、论坛等系统用机器人程序自动抓取形成镜像或者该工作可以交给搜索引擎等来实现。

实际上，在整个版权保护的行业中，区块链技术还可以解决更多信任问题。那么，将区块链技术用于版权保护的时候，到底是否需要设计一套通证呢？通证是否是必要条件呢？这并没有标准的答案。

在本书后面会专门介绍区块链落地应用的场景，其中部分场景也融入了基于通证思维的设计。

3.5.3 构建低成本的信用

基于通证思维，可以设计和构建较低成本的信用。在现实世界中，信用的门槛是很高的，需要给第三方中介机构支付高额的费用。比如企业上市，想要在上交所或深交所挂牌交易，律师费和审计费至少需要几百万，更不要说承销保荐费需要几千万甚至上亿了。

而如果企业将资产数字化为 Token，在区块链数字交易市场中，企业的 Token 完全公开的自由交易，企业的价值会被市场最终定价，形成一个越来越合理的价值表现。全世界的买家和用户会对这个企业进行打分和评判，企业到底经营的好不好，产品和服务是否具备核心竞争力，行业内的地位是领先还是落后，企业到底有没有弄虚作假或夸大宣传，这种来自"网友"的搜索，完全可以将企业的实际情况披露出来。

在区块链的世界里，由于无须中介就可以实现各个节点的连接和通信，因此每个个体的信息，哪怕是细微、冷门的信息都会被挖掘和爆料出来。任何交易都可以放到链上进行公证，没有人能篡改，也没有人能赖账。最终使得信用门槛被大幅降低，从而促进真正优质的企业被追捧和认可。

对企业进行拷问、评价、核算及审计等这些工作，都可以通过 Token 奖励来完成。

3.5.4 通证所有制企业的示例

多普达是盛极一时的国际著名手机品牌，是多普达国际股份有限公司的旗下产品，成立于 2002 年 7 月 1 日，由宏达和威盛电子共同出资组建。多普达是智能手机的开创者，Pad 和 Windows Phone 几乎是多普达发明引领的，但现在多普达的惨况，难免令人唏嘘。

小米则正好相反，高歌猛进，在雷军的带领下五年发展成为全球领军企业。小米的成功就用到了类似通证经济的模式和思维。小米和用户紧密地捆绑在一起，形成近乎"利益共同体"的"信仰共同体"，用户（尤其是发烧友）参与到小米手机的产品设计、开发、测试和推广的各个环节。虽然用户没有得到什么直接的好处，但是当他们的意见、方法和设计被采纳，如果成为产品中的一部分时，这对于用户来说本身就是最好的激励和奖赏。同时用户还积极充当小米手机的宣传员和营销员，现身说法、答疑解惑，利用自己的社交网络和朋友圈助力小米良好口碑的形成，促进了小米手机奇迹般的销量增长。

区块链的通证模型致力于打造高强度的利益共同体，我们可以一起来探讨一下如何把多普达改造成为一家通信所有制的企业，如何构建一个亿万消费者共有的手机企业。

假设 HTC（多普达的母公司）将多普达品牌独立剥离上市，通过政府许可、法律保障及公开公证等手段将多普达整体所有权拆分为 1 万亿个 DPD（代币），这样就将一个上市公司完全对标为一个区块链数字货币经济体，并且保证其合法性，所有的规则公开、透明、有效和无法撤销。消费者每花一元钱购买多普达的产品便可以得到 0.1 个 DPD，购买一个 1 400 元的手机可以得到 140 个 DPD。每个用户都可以成为代理渠道，比如 A 用户推荐 B 用户购买多普达 1 400 元售价的手机，若 B 用户购买成功，B 用户可以得到 140 个 DPD，A 用户也可以得到 70 个 DPD 作为代理成功的奖励。

多普达社区内，所有提出意见和建议若被采纳的用户都会被奖励 DPD。程序员、工程师和美工设计人员都可以参与到多普达手机的操作系统优化、界面设计及漏洞发现等工作中，所有这些参与者都会被奖励 DPD。所有多普达的员工都可以根据绩效获得 DPD 奖励。

DPD 可以进入数字货币市场或者股市进行交易。由于 DPD 持有者越来越多，DPD 社区凝聚力越来越强，多普达手机销量、质量、科技含量和满意度也越来越高，所以 DPD 价格越来越高，整体形成了良性循环。这样将有可能帮助多普达重新站在巅峰，成为手机界的翘楚。

当然了，上面主要是将 DPD 用于促进销售、意见收集和技术人员的融合参与。我们其实可以设计另外一种模式，利用 Token 更加彻底的对多普达进行通证化改造，创造出一种前所未有的手机厂商经营模式。

下面是另外一种形式的通证改造。

发一个 Token 叫 DPD。DPD 总量为 100 亿，永不增发，主要分配给智囊团、推广运营团、多普达基金会、团队期权。多普达基金会可以注册为瑞士的一个非营利性组织，其持有的 DPD 将保障多普达系列产品的软件和硬件技术开发工作得以完成以及补贴运营和维护成本。智囊团的 DPD 用于激励用户提供能够切实帮助多普达手机改进功能和快速发展的建议，数量为 5 亿，占总量的 5%。通过公众投票确保真正有价值的建议提出者才能获得奖励。

推广运营团的代币数量为 50 亿 DPD，占代币总量的 50%，常见的销售形式都可以纳入进来，包括但不限于微信朋友圈、微信群、微博、知乎、抖音、快手、微视、淘宝店、线下小区社区和线下实体店等，DPD 用以发动人海战术切实提高手机销量。当被推荐人购买多普达手机产品后，推荐人和被推荐人都会获得一定数量的 DPD 作为奖励。早期的推荐奖励计划力度最大，后期视运营情况逐步减小。

基金会持有 10 亿 DPD，占总量的 10%。团队期权占 20 亿 DPD，占总量的 20%，期权分 5 年行权，每年行权 4%。可以考虑释放剩余部分 DPD，出售给特定投资者或者二级市场用于交易。为了体现 DPD 的真实价值，持有者可以用 DPD 来兑换手机或作为代金券使用，同时多普达承诺，将拿出每年利润的一半用于回购智囊团和推广运营团持有的 DPD。

整体来说，这是一个纯粹的构想，可能存在很多问题且完全不实用，甚至根本没有可行性，但是作为一种新型的思维模式，这仍然是非常有意义、有价值的。

3.6 数字治理思维

通常来说，数字治理有两种含义，一种是对数字的治理（实现对全社会越来越庞大的数据的有效管理与组织），另一种是基于数字的治理（利用数字实现全社会有效的组织与运行）。两者是相辅相成的关系，前者水平的高低决定后者的水平，后者发展的程度往往也会影响前者的发展。

数字治理一般是国家和政府的使命和任务，和更多人息息相关的是数字管理，我们归纳总结的数治思维注重的也是数字管理。数治思维是一种前沿的思想，是对未来发展趋势的分析和判断，是组织行为模式的变化带来的管理方面的创新和变革。

3.6.1　数字组织的产生

我们传统的公司和机构组织往往是自上而下的，按照预设的规则运行的是中心化系统，这种系统往往对于特定的工作处理效率很高，一般由高层管理者做出决策，逐级执行，哪怕是错误的决策，都会被严格地贯彻和执行。传统的企业中，百年仍长盛不衰的极其稀少，大部分最终都消亡了，因为谁都很难保证管理层不会做出错误的决策。分散式自治组织代表着一种自下而上、自组织、自适应、分布式及无中心化的思路，对于比较复杂的情况，这种组织可以自适应，利用集体智慧来处理。其缺点是初期发展缓慢，但最终能找到正确的发展道路，并不断修正，同时效率越来越高。

生命的进化过程："自由发展，物竞天择，适者生存。"就是在一个分散式的组织形成、扩大和发散的过程中，通过组织不断嵌套循环，使得任性的、看似无规律的自治组织不断演化的结果。环境变化的复杂性、生命进化的复杂性等共同导致鲁棒性产生。鲁棒性一般是指计算机系统的健壮性和容错性，即在输入错误、磁盘故障、遭遇攻击及网络过载等情况发生时，系统不崩溃并且不出现大的问题甚至仍然能正常运行。

大量的基因创新成果被遗弃，能适应环境被证明是正确的进化成果得以保留，这一过程使基因创新越来越稳健。生命的进化导致环境变化，继续增加这个世界的复杂性，生命不断适应、不断上升和不断提高最终呈现出创新性的螺旋轨迹。

基于区块链可能产生出大量的数字组织，无数个数字组织就像无数个生命组织，共同构成一个极其庞大、和谐、复杂和完整的世界。随着时间推移，有的数字组织得到发展壮大，但大部分可能会死去或者消亡。

3.6.2　数字治理模式范例

我们在本书前面的章节已经详细地讲解了区块链的基础知识和运行原理，无论是从技术和逻辑的基本层面，还是模式、经济和社会的层面，都做了较多的铺垫。区块链的数字治理是新出现的概念，大部分人可能对此一头雾水，并没有什么概念，那么我们直接引入一个范例来展开说明。

区块链体系内可以设定各种"角色"，比如被选举人、议员和陪审员等。见证人模式是一种中心化的结构，通过选定一批见证人并在见证人之间采用拜占庭容错结构来实现。这里来假定一个项目"WDJZ"，并设计一套 WDJZ 见证人机制的"见证人"角色。

（1）对于 WDJZ 见证人，重要的是"轮次"这个概念，一分钟为一轮。一天只有 1 440 分钟，也就是一天最多 1 440 轮。轮次避免了权力过分集中，提升了众人参与的可能性。

（2）每轮每个人只会入选一次，1 440 轮意味着 1 440 个人能担任同样角色。

（3）可以设定见证人每次获得一定的"WD"通证奖励，保证了大家成为见证人的积极性。

（4）见证人可以被设定为需要投票才能选上，也可以设定多种规则，比如每天只有投票排名最高的 1 440 人才能成为见证人。这样做的好处是"WD"通证会很好的流通起来。但是存在的问题是，如果 A 的拥护者 a1、a2、a3 每天都给 A 投票怎么办？这时可以设定"每次投票效率减半"的策略，如第一天 a1 给 A 投了 1 000 "WD"就是 1 000 票，第二天 a1 给 A 投了 1 000 "WD"就是 500 票，以此类推。

（5）为了保证"WD"的稀缺性，可以设定每天"WD"投票结束后，所有用来投票的"WD"都会被销毁。

以上设定仅仅是为了方便大家理解，利用区块链来模拟现实中的对应关系，通过设定规则来实现组织的运营。通过上面的例子可以看出，"WD"通证灵活地被应用在数字组织内，形成了一个紧密的生态系统。一个有公信力的网络一旦设定了规则就不能改变，除非达成某种规则有 51% 的用户投票同意才能修改规则。

3.6.3　数字组织的运行示例

对于区块链发展历史研究比较深的人们，可能会知道曾经有一个著名的以太坊项目"The DAO"。DAO (Decentralized Autonomous Organization) 翻译成中文就是"去中心化自治组织"。去中心化自治组织和去中心化应用 DAPP (Decentralized Application) 都是可以运行在区块链系统上的模式和形态，去中心化自治组织可能比去中心化应用更加复杂、规模更大，但这并不是绝对的。数字治理（管理）并不是区块链特有的，但是区块链的出现可以将数字治理带向新高度。

部门单元的设定，部门名称与职责，制度、原则、规定等这些都是可以变化的，组织系统是可以调整的，只不过因为大部分人处于非管理岗位或者已经习惯现有的形式和设定。在区块链的世界，想要学会设计和构架成为一个规则制定者，大胆的想象力和对未来世界的理解往往是至关重要的。运营治理一个数字组织或者通过数字组织来映射并且改变现实，这都是区块链带给我们的机会和挑战。

1. 原则示例

原则一般是通过严谨的文字表述，依靠外在强制力来保证贯彻和实施的法则或标准。很多公司管理总则中包括一个上级原则、及时回复原则和服从原则。

(1) 一个上级原则

除了财务总监有两个直接上级，公司所有员工只有一个直接上级。如果你绘制一个机构图，会发现机构图上的所有部门只有一个最高负责人。

(2) 及时回复原则

下级接到上级命令或任务时，要努力在要求期限内完成。不管完成与否均应在规定期限内给予回复。对跨部门或同职的协助任务、协办事项应尽力达成，同时也应在任务完成时间内给予回复。

(3) 服从原则

在工作中下级应服从上级的命令。除非以下情况地发生：

① 执行上级命令会有违法乱纪行为；

② 执行上级命令会引发灾难；

③ 执行上级命令会侵犯人权；

下级完成上级交办的任务后应及时向上级汇报。

2. 组织设定示例

一个组织可能会涉及主体、角色、规则、元素、需求、资金和行为等，这些都是作为系统（组织）创造者可以设定的。为了举一个示例，我们天马行空地做了如下这些假设。

身份：这个是首要前提，任何主体与另外一个主体交互或者发生关系前都必须知晓对方的身份。

股权：股权是一种对创始人、投资者、顾问、合作伙伴和员工的映射，股权代表了数字组织的所有权和方向，股权可以等于 Token。

投票：所有持有 Token 的人都可以投票，这里会和所有权相关联，通过投票可以决定数字组织的重大事项和未来走向。

资本：创立一个数字组织需要筹集资本（二者顺序可颠倒），数字组织需要很多资源来运营和成长，包括以投资或贷款为形式的 Token。

人们：组织最终由数字体组成。数字体可以是软件、硬件或人，数字体相互关联形成组织，组织可以被体现为 "人们"，人们可以有共同或不同的目标。

外联：一个数字组织根据创造者的意愿可能并非是封闭的，组织对外会形成多种连接和关系，统称为外联。大到组织集合，小到组织内个体都是有外联的。

支付：组织和个体的预期都是获利，当然也有各种开支，主体之间应该存在一种支付的行为关系。

会计：为了管理 Token 支出、商业活动，组织或个体都需要维护一个会计账目。

保险：既然有 Token（资金）的流转，有盈利也有亏损，而且全网是诚信透明的，那么就可以设计各种保险体系。

3. 主体设定示例

主体可以是个人、角色或组织，从最简单的个人主体来阐述，个人映射到数字系统中的 "它"，可能会涉及以下几个方面。

（1）它是

数字世界中，一个主体从创建、更新到消亡，整个生命周期内，存在即是 "是"。主体可以被终止，终止的办法如被其他主体投票终止、被系统冻结或删除，主体也可以主动退出，主体存在期间可以自我更新大多数基本组件，而无论何种更新或升级都不能影响主体以原来的唯一性存在于数字世界中。

（2）它有

主体拥有内部资本（Token），因此也就拥有财产，原则上这些财产都是数字资产的形式（如加密货币、代币或者例如域名 IP 等的数字资产）。

（3）它做

主体可以操作外部世界或自身，主体的软件执行用智能合约编写的代码。

（4）它治

主体在事先编写的行为之外，外部的人们或机器行为也可以引发特定的 DAO 操作。

从广义上说，组织是指由诸多要素按照一定方式相互联系起来的系统，组织往往具有目标导向性。数字组织是基于计算机网络形成的虚拟世界中的组织团体，现实中个人或组织的关系通过网络映射到数字世界中形成数字关系。

3.6.4　EOS 核心仲裁法庭

Daniel Larimer——区块链界大名鼎鼎的 BM（Bytemaster），他是目前世界上唯一一个连续成功开发了三个基于区块链技术的去中心化系统（Bitshares、Steem 和 EOS）的人。EOS 币是全球著名的加密数字货币。EOS 系统（Enterprise Operation System）是为商用分布式应用设计的一款区块链操作系统，引入了一种新的区块链架构，旨在实现分布式应用的性能扩展。下面我们通过介绍 EOS 核心仲裁法庭来理解数字治理。

立法、执行、司法三个基本系统在 EOS 占有重要的地位，也是基本支撑体系。

(1) 立法：指代币的持有者们会定期投票解决问题、升级功能、进行全民公决等。

(2) 执行：与代币有关，指由代币持有者选择系统参数所引导的区块生产者，并由司法机构进行决策。

(3) 司法：包括后面要详细介绍的仲裁法庭。仲裁员由《基本法》授权，他们可以在法庭（包括角色以及一套纠纷解决规则）中进行仲裁。角色通常包括仲裁员和案件管理员。

EOS 核心仲裁法庭简称 ECAF（EOS Core Arbitration Forum 的缩写），也就是"EOS 核心仲裁机构"的意思。EOS 核心仲裁法庭存在的基础包括基本法、争端解决规则、仲裁手册、仲裁员。

(1) EOS 基本法依赖于每个地区的仲裁法（一个通用的名称）授权法院执行私人裁决。

(2) EOS 的争端解决规则（RDR）在 EOS 章程中被引用。RDR 提出了在 EOS 链中解决纠纷的规则。

(3) EOS 仲裁手册描述 EOS 核心仲裁法庭运作的程序要素。

(4) 仲裁员可能是个人、个人团体或公司团体，根据 EOS 章程、RDR 和仲裁准则解决纠纷。

ECAF 由独立、公正、专业的仲裁员组成。事实上，ECAF 提供的更像是仲裁提议，而不是仲裁。ECAF 的仲裁提议需要被 21 个超级节点 BP 分别审核，即使提议被 BP 审核通过，仲裁员也没有权力敦促 BP 及时执行裁决。到目前为止，ECAF 解决最多的问题是黑客盗币，连续处理几个案件的主要手段都是冻结账号，这曾经一度引起人们热议。

很多人抨击 EOS，因为 ECAF 这种类似中心化的传统的司法机构出现在区块链世界里，是阻碍发展的。ECAF 的存在有悖于区块链精神。区块链精神的核心是去中心化、民主、代码即法律。解决区块链的问题要用纯粹区块链的方式，完全依靠代码的绝对去中心化被很多人所拥护。比特币如果被黑客窃取，失主和比特币基金会等都是无法干预的，除非能够全民投票发起分叉，通过分叉回滚撤销黑客转入自己账户的操作。

但是也有人认为区块链只是人类的工具，政府的干预或适度的中心化才能使其更好地发展。事实上，EOS 的创世白皮书就宣称：这种多中心化（超级节点）的选举制度可以比比特币更加高效，比权益证明更加"民主"。EOS体系内，在特殊时期，为了防止仲裁机构权力膨胀，可以借助投票的方式来限定仲裁机构的权力以及人员的任用。可是，即便是仲裁机构被限定，那么超级节点 BP 呢？超级节点在 EOS 内拥有至高的权力，谁又能约束超级节点，防止其过度中心化呢？

通过上面的陈述，我们不难感受到，区块链的体系设计和规则制定并非易事，构建区块链的能力是需要建立在大量的知识、经验、思考、数据、分析、政策、法律等基础之上的。如果设计不好，或者考虑不够周全，将来可能会出现很多问题，甚至会全盘皆输。所以，建立区块链组织很容易，但是建立一个成功的区块链组织却极其困难。

我们介绍完以上关于 EOS 的仲裁机制以后，可以发现，区块链技术在发展过程中，有很多地方难以脱离传统的中心化的烙印，所以我们既要仰望星空，也要脚踏实地。

3.6.5　去中心化的司法机关示例

BGC市	BGC司	其他模块

图 3-9　BGC 去中心化司法机关网络

我们假想在区块链网络中如图 3-9，BGC 代币是网络内置流转的 Token。

主体（比如公司或雇员）可以通过合约把他们手中的控制权交给司法机关，从而参与到网络中来。网络包含一个充分自由的去中心化市场 BGC Market，同时包含着实现了去中心化的、完全透明的、甚至可以分叉的司法机关 BGC Jurisdiction。在这个网络内，任何两方随时可能产生争端或者分歧，法庭需要随时应对可能发起的仲裁申请。除仲裁双方的任何实体缴纳一定的押金之后，就有可能会成为法官。从这个设定可以看出，这是一个高度灵活的司法体系。

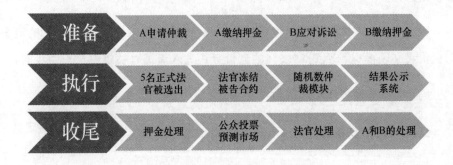

图 3-10　BGC 去中心化司法机关仲裁过程

图 3-10 对于去中心化仲裁的实现过程作了简明的展示，虽然这并不是一个完备的系统，但是包含的内容和信息已经很多了，为了便于理解，后面会对关键的信息作出解释和说明。

1. 以太坊域名服务（ENS）的竞拍流程

了解 ENS 有助于了解 5 名法官如何各自独立地作出裁决。以太坊域名系统 ENS（Ethereum NameService）于 2017 年 5 月 4 日正式上线，是建立在以太坊区块链之上的分布式域名系统。我们如果把每个法官作出判决的过程与 ENS 竞拍中参拍者出价的过程进行抽象处理，会发现这二者是高度类似的。参拍者 D 出价的过程中，其他所有参拍者是不知道 D 的出价的。等到系统公布所有参拍者的出价的时候，已经造成一个公认的结果。5 名法官各自独立作出裁决，系统引入随机数并且通过加密的方式将各自的裁决结果保密。任何人提前披露了某个法官的秘密随机数，那么这个法官就会被惩罚，而押金的一部分会给披露人，这将阻止法官相互勾结。

ENS 拍卖采用维克里拍卖（Vickrey auction），也即次价密封投标拍卖。竞拍规则是公开的，每个竞拍者会生成一个秘密的随机数。整个竞拍流程分为三个阶段：

(1) 从域名开标到竞价截止共 72 小时，此阶段接受任何竞标，所有人竞标价格保密。

(2) 之后进入揭标环节：揭标开始至揭标结束共 48 小时，在第 1 阶段参与竞价者必须揭标，否则 99.5% 的竞价金将进入黑洞（被销毁且无法找回）。

(3) 出价最高者以第二高价获得域名。系统退回多余款项并结标。

2. BGC 代币发挥的作用

BGC 代币在整个过程中，起到了激励和惩罚的作用，这也和代币作为权益证明的定位相符合。公众针对 A 和 B 仲裁的最终结果投票，如果 A 获胜，则预测 A 获胜的人可以均分预测 B 获胜的人的 BGC 代币（每一个 BGC 代表一票）。竞选法官的人需要提供一定数量的 BGC 作为押金，如果未能竞选为 5 个法官之一，则押金退还；若成为正式法官，且徇私舞弊，则押金被扣除没收；正式法官若秉公执法，则最后可能获得一定的 BGC 作为奖励。对于 A 和 B 也是类似的，如果 A 获胜，则 A 可能获得一部分 B 的冻结的 BGC。反之，则 A 可能需要赔偿 B 一部分 BGC。A 和 B 中输的一方损失的 BGC 中，可能还有一部分被法官和司法系统作为手续费。

通常情况下，设定被告一方的智能合约被冻结，可以冻结合约的全部或部分权限。这样 B 在被诉讼的过程中就无法转移资产或者被限制了很多行为。这种震慑力可以导致大部分的公众不敢犯错误，规矩行事，以避免成为被告。

BGC 的持有者还可以修订或替换最高法庭的一系列基本法则，当然这里要避免 BGC 的集中。基于 POW 工作量证明或者更广泛的去中心化可能是避免 BGC 集中的好办法。

3.6.6　数字管理的未来

很多读者可能无法理解数字管理的重要性。事实上，我们未来迈进更高级的数字时代并不遥远，可能再过二三十年，每个城市的每个家庭都会有一两台家用机器人，科幻电影里面的机器人遍地跑的场景真的会出现。我们站在 2021 年回头来看，十年前乔布斯去世的时候，我们绝对无法想象，现在生活的大部分工作场景可以基于手机完成。

未来我们可能有很多个基于区块链的全球性的交流和交易平台，各种数字货币会被应用于平台上，全世界的人民可能真切的需要一个全球性、无国界的司法系统和新商业规则。数字仲裁可以解决简单的问题，快速和廉价，也可以与现实中的法律法规衔接，共同发挥作用。

区块链还能解决复杂的问题，必要的时候，可以在各个层面上提供很多个选择。比如作出何种决定，谁能成为随机陪审员，以何种方式开展各方协作，决策过程需要多长时间，是否将争端和决议公开或保密……这些都可能成为选项，类似的选项还有很多。

我们未来可能使用全球性、无国界的货币，但为什么没有一个全球性的数字仲裁机构呢？未来全球的商业交易可以选择全球性的司法系统，这个系统服务于社区，由社区管理，为社区设计，是一个充满活力的系统。大量标准化、模块化的各类智能合约，无数个数字组织及数字规则会互相开放，就像接口一样连接在一起。

数字化的世界就是我们现实世界的映射，数字化的治理和管理将会成为至关重要的事情！

3.7 价值思维

价值互联网将成为下一代互联网的新范式，是发展的必然方向。区块链发展的根源是高信用度、高安全性以及点对点的现金支付模式，区块链技术的诞生就是为了实现价值互联网而建立的。区块链革命有望打破信息巨头的价值垄断，让数据所有权实现重新分配，使拥有数据的用户在保证隐私的同时，从分享数据中获得收益。

3.7.1 价值新主张

1. 资产广义化

资产是指由企业过去的交易或事项形成的、由企业拥有或者控制的、预期会给企业带来经济利益的资源。资产可以划分为流动资产、长期投资、固定资产、无形资产和其他资产。举例来说，银行存款、应收款项、存货、债权投资、机械设备、运输工具、商标以及长期待摊费用等都属于资产。总资产收益率的高低直接反映了公司的竞争实力和发展能力，也是判断公司是否应举债经营的重要依据。

我们都知道，每家公司都必须编制三张表，即资产负债表、利润表和现金流量表。三张表是财务学和会计学的精华，可是我们却发现，其对于今天的大部分互联网公司是无效的。互联网公司成功背后的基本理念（规模价值递增）违背了财务会计的基本原则（资产随着使用而贬值）。资产负债表和利润表对于互联网公司来说意义并不大。互联网带来了资产广义化，价值评估复杂化，传统理论无效化（见表3-8）。

表 3-8　传统资产与广义资产

传统资产	广义资产
现金	数据
存货	用户
债权投资	人力
商标商誉	思想

区块链网络中，一切都可以用 Token 固化下来，成为用户可以获得 Token，加入社区可以获得 Token，贡献数据可以获得 Token，贡献创意也可以获得 Token，Token 也可以在二级市场进行兑现或交换。Token 与区块链网络有明确的对应关系并且成为带来经济利益的资源，因此区块链的资产广义化比互联网的资产广义化更加直接、彻底和明显。

2. 价值显性化

传统观点认为盈利能力是决定企业最终盈利状况的根本因素。对于投资人来说，只有企业盈利状况好才能够使股票价格上升，进而投资人获得转让差价。互联网公司的价值往往是隐性的，有的互联网公司在尚未获得收入（更不可能盈利）的时候已经估值数十亿美金，这在传统企业界简直是不可能的事情。2013 年，虽然京东商城的收入和用户数量都高速增长，但是其已经连续五年净利润为负，只能不断地烧风投的钱得以维持。此种情况下，京东仍然以高估值被风投机构追捧，老虎环球基金等为其投资 28.54 亿元。在顺利完成 C 轮融资之后，京东在纳斯达克上市成功，所有的投资机构赚得盆满钵满。但按传统估值方法，净利润为负的公司和垃圾没什么两样。

很多互联网平台的生态系统超出了公司的界限，比如微博公司可能只有三千员工，但是用户可能达到三亿人；瓜子二手车公司旗下可能并没有车辆，但是售卖的车辆可能有上百万辆。互联网估值模型中，大部分风投机构将用户量作为最核心的指标，因为这确实符合梅特卡夫定律。梅特卡夫定律的内容是：网络的价值与联网的设备数量的平方成正比。还有一些其他关于互联网企业价值评估的创新数据模型，但是大部分也都是自说，并未形成公认的标准。

区块链网络时代，势必要开启从数量评估到质量评估的阶段。有了区块链以后，区块链可以通过 Token 将以往无法量化、无法评估、无法体现的资产或价值充分地发掘出来，隐性的资产被显性地表达出来，从而实现价值显性化。

3. 颗粒化

在互联网的世界中，数据、流量、用户、时长、客单价、转化、留存、复购率、内容、互动、创意、搜索、点击和停留等这些新概念或新名词横空出世。虽然在传统的财务报表上没法体现，但都成为可能影响价值的重要因素。虽然很多能被计算和统计，但是无法实现切割和颗粒化。作为一种底层技术，区块链可以改变其他技术的应用颗粒度和厚度，比如大数据和人工智能等。区块链可以将各种概念、动作和行为转化为原子级的颗粒，从而实现极其精细化的统计、观察和计算。

比如腾讯 QQ 和微信的用户之间会有大量联系，如果将其抽象成一张点对点分布式网络，那么节点与节点之间距离有多大？信息含量有多少？传送时间需要多长？这种极度细微的天文级数据对应什么样的价值？能发现什么规律？对于这些问题，区块链技术可能正好施展身手，因为它能实现更加精细的颗粒度。当然前面的例子并不太恰当，因为区块链的性能目前尚没有大的突破。但是对于一些创业公司的小型 App，或是一些特定的场合，区块链的颗粒化优势可以发挥出来。

从技术角度来看，区块链没有改变互联网底层的通讯机制，而是和互联网并行运作。有人将区块链比作原子世界，将互联网比作比特世界。在原子世界中，可以实现价值颗粒化、行为颗粒化、权责颗粒化等。

3.7.2 社群、信仰与价值

《魔兽世界》（World of Warcraft）是由游戏公司暴雪娱乐开发的全世界最火爆的游戏之一，仅仅"魔兽世界吧"的关注用户就达 1194 万人，累计发帖超过 5 亿条。如果一个道具装备是魔兽玩家花费一个月打下来的，那么魔兽玩家在"魔兽世界吧"能不能把装备换成钱？我想答案是显而易见的！

社区内的所有用户长期接收同样的思想就会产生同样的信仰，相同的信仰势必会凝聚产生价值，公认的价值有可能会转变为货币。比特币就是一种信仰"货币"。比特币最初的拥趸者都是一些技术极客，他们被比特币这台"精密仪器"所震撼和吸引。这些极客崇尚自由交易，希望摆脱束缚，就成了比特币最初的信徒。正是基于不断扩大的社区，凝集越来越高的信仰，比特币的价值越来越高，其价格最高峰时接近 2 万美元。

社群在区块链（尤其是数字货币）项目里具有极其重要的地位。社群里的所有人都是利益相关体，大家因为共同的利益而自发的推动社群更好的发展。以 EOS（柚子币）为例，所有持有柚子币的用户共同组成 EOS 社区，大家为了 EOS 项目能长远发展，都会自发自动地作出贡献。这种贡献并不是倡导无私奉献，而是图谋回报的——每个社区成员都希望 EOS 币价越来越高，这样自己就能获利。俗话说"众人拾柴火焰高""人人参与，人人获益"就是这个道理。

共识可以产生价值，尤其是基于社区、信仰、情感的共识，能够产生非常稳定、持续的价值。游戏道具为什么有共识价值？因为游戏用户都知道游戏道具要么需要花钱购买要么需要奋战一个月才能得到，这是强烈的共识。凡是有强烈共识的地方，都可以产生价值，都可以设定一套流通体系。这种共识存在于很多地方，很多平台、品牌、社区都有共识，Token 只是让共识价值更好的产生、存储、运营和管理。

所以，未来很多平台，不管大小，可能都需要区块链，哪怕这种区块链只是把原来的积分模式进行了升级。

3.7.3 价值、货币与信用

区块链解决了在不可信通道上传输可信信息、价值转移的问题，而共识机制解决了区块链如何在分布式场景下达成一致性的问题，以及在去中心化的思想上解决了节点间互相信任的问题。

信用只有单一的价值，货币却有多数的价值；信用只是对某个人的要求权，货币却是对一般商品的要求权；信用只有特殊的不确定的价值，而货币则有持久的价值。从某种层面来说，信用就是货币，货币就是信用；信用创造货币，货币形成资本。

区块链兼具了信用、货币、价值、资本、证券等多种功能属性。

3.7.4 确权产生价值

家庭联产承包责任制是农民以家庭为单位，向集体经济组织承包土地等生产资料和生产任务的农业生产责任制形式。改革开放初期，安徽凤阳县小岗村人民创造了以"包干到户"为主要形式的家庭联产承包责任制，成为中国农村改革的先河。家庭联产承包责任制的实行，解放了我国农村的生产力，开创了我国农业发展史上的黄金时代。

扩大到整个人类历史，几乎每次财富的快速增长都伴随着确权。也可以说，每次确权分配的变革都带来了人类经济社会的变革。所有权、使用权和经营权集中在一起是最完整的价值体，完整价值体可以被最高效的交易，而且能流通到实现最大价值的地方。传统互联网中，要为每个数据确权成本很高，而且单个数据价值也不大，市场已经形成惯例，所以说现在用户数据只能被互联网巨头强行占有。区块链的出现有望彻底解决这个问题,实现确权的新途径,实时产生、伴随终生、全程可溯、不可更改。

若区块链技术按照设想逐渐普及,大行其道,那么将来各大科技巨头可能会被拆分为无数个价值体。每个价值体都是确权的,既不可以被巨头强行占有,也不可以被随意进行传播利用。网络巨头无法监视我们的一举一动,我们的隐私也不会再沦落为数据贩子眼中的猎物。我们每个用户创造的每一则文字、每一张照片、每一段视频乃至用户各自的行为习惯都有明确的所有权归属,每个用户都可以依靠自己的数据获得收益。去中心化的交易市场将会空前火爆。

金融的核心是风险定价,区块链实现的数据确权也会带来与互联网不一样的金融变化。

3.7.5 切分蛋糕的利器

表 3-9 人工智能与区块链

人工智能	区块链
解放生产力	解放生产关系

很多人会有疑惑,区块链不就是软件、协议或者网络相关的技术手段吗?区块链和现实距离还很遥远,而且很难对应起来,现在的各种区块链理论不都是纸上谈兵吗?(见表 3-9)

确实是这样的,但是需要提醒一下,我们回过头来看互联网在刚出现的时候,也都是纸上谈兵!互联网最初的形态只有文字,简单到只有一行一行的文字,后来有了 BBS 人们才可以沟通。早期互联网只有新闻报道,而且都是一些报纸刊登过的旧新闻,可是发展到今天怎么样了呢?现在人们的衣食住行都要借助互联网才算完成!2018 年 5 月份,阿里巴巴的市值,约等于

1.5 个工行、2 个中石油、3 个平安和 4 个茅台。

股份有限责任制公司的兴起，起源于十七世纪大航海时代，荷兰人创造性地发明了"股份制"公司的概念，联合东印度公司是全世界第一个股份有限公司。从女佣、车夫到王爵、贵族都可以投资参与到航海贸易中并且公平的获利，这让荷兰一跃成为全球霸主。公司——尤其是股份制公司的发明，促进了人类的高度文明。我们今天能有如此高的生产力，和人类发明并且使用"公司制"密不可分。通过互联网、区块链能够制定规则、调用资源、组织劳动、实现生产和销售，所以也可能促进人类生产力和生产关系的变革。

我们现在想到"公司"的时候，出现在脑海中的是"实体"，比如"宝马汽车""中国石化""生产"等，"互联网"这个词让人第一反应是"必需品""吃喝玩乐""谋生手段"等。如果洞察其本质内核，"公司"不就是无形的或者纸质化契约、组织、章程、票据等的集合体吗？很多年前，人们提到公司的时候可能对其印象就是一些条例和章程，就是一种无形的规则，这和现在人们对区块链的认知高度类似。

我们来对比一下"公司"改变世界的形式和"区块链"的未来可能影响世界的形式（见表 3-10）。

表 3-10 公司与区块链

	公司	区块链
无形的手	契约、组织、章程、票据等	节点、合约、数据、机制等
现实的物	场地、设备、员工、计算机、原料等	人、软件、硬件、资金等
外界保障	政府、法律、道德等	信仰、政府、法律、道德等
案例代表	宝马、中石化、汇源果汁等	未来经济体

公司就是"无形的手"捆绑现实的人和物，依托政府、法律、道德等外界保障，逐渐成为经济中必不可少的最常见的形态，极大地促进生产力和社

会发展。很多人说现在区块链离现实很遥远，无法与现实中的人、物、资金发生紧密的关联和对应，无法开展业务。这没错！但是，就像互联网一点点融入现实并且逐渐成为主流一样，区块链也可能会发展起来，未来总有一天会成为像水、电、互联网一样的基础设施。

股份制公司，本质上是一种公平的分蛋糕的体制。只有蛋糕分得好，才能让大家齐心协力地将蛋糕做得更大。土地革命时期"打土豪，分田地"的口号，让无数平民推起小推车加入中国工农红军，势不可挡，最终取得革命成功。现在的创业公司往往通过期权和股权，让早期员工分享公司发展的红利。这些都说明了生产关系的重要性。

区块链被业内誉为"分蛋糕的利器"，用 Token 机制实现利益分配更透明、更公平、更可行、更高效，同时，去中心化可削弱平台方的权利，最终通过 Token 升值将规模化带来的收益分享给所有参与者，从而实现共同富裕。

互联网几乎无所不能，我们能通过互联网实现买卖和交易，支付宝的账户数值可以代表一个人的财富。在数字货币时代，数字资产会与黄金、房产、股票等一样成为人们最重要的财富形式，区块链世界中的利益分配同样可以对应到现实生产生活中。区块链技术有望杜绝暗箱操作和权力腐败，而公开、公平、可信、去中心化的区块链技术恰恰适合数字资产的分配与流通。

互联网可以提升信息传递和交易的效率，互联网的蛋糕越做越大，人们却发现因为数字资源的集中而形成了新垄断，科技巨头市值上万亿，普通人只能成为消费者或旁观者。区块链可以制定更加合理的切分蛋糕的标准而把"蛋糕切分好"，从而减少直至避免在社会分配过程中出现浪费和不公的现象。

3.7.6 价值的黑洞效应

1. 互联网时代的"免费逻辑"

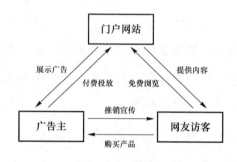

图 3-11 互联网的三角关系

克里斯·安德森创作的《免费：商业的未来》一书在 2009 年时就提出："免费所代表的正是数字化网络时代的商业未来的预言。""边际收入＝边际成本＝0"这在传统市场简直就是一个谬论，而互联网却几乎实现了。通过免费使得产品或服务被大范围地快速推广，产生裂变且形成规模化后再通过各种方式获得利润，这是几乎是所有互联网企业成功的逻辑（见图 3-11、图 3-12）。

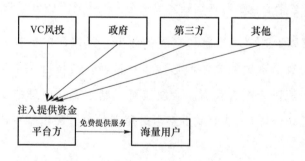

图 3-12 互联网企业成功的逻辑

奇虎 360 将安全杀毒软件彻底免费，通过广告和增值服务来获利。QQ 在诞生之日起就是免费。我们还可以免费看新浪新闻、用网易邮箱、玩搜狐游戏。"天下没有免费的午餐""天上不会掉馅饼",这是世上流传的普遍道理。那为什么互联网可以免费呢?这就是信息经济的独特之处!

当然,有些专家说目前互联网进入了"收费时代",比如滴滴出行只要使用就要付费,爱奇艺、喜马拉雅的付费音视频用户越来越多。这是免费模式的升级。

2. 边际成本为负数的区块链

表 3-11　数字经济新形态

数字经济新模式与新业态			
类别形态	表现形式	盈利模式	案例
互联网	免费浏览,免费使用	广告费、手续费、付费用户、烧投资人的钱等	QQ、新浪
智能硬件	用户以生产成本价购买硬件	广告费、手续费、付费用户、烧投资人的钱等	尚未出现
区块链	项目方向用户付费,Token投放	构建社区,形成利益共同体,未来收益	尚未出现

我们先看看数字经济的一些新形态,见表 3-11。在经济学和金融学中,边际成本指的是每一单位新增生产的产品(或者购买的产品)带来的总成本的增量。边际成本表明每一单位的产品的成本与总产品量有关,边际成本可以通过充分市场竞争降到最低,但是永远不会等于零。在互联网和区块链中,边际成本可以近乎为零,甚至区块链时代,边际成本可能会达到负值。

很多人会对这个观点表示很震惊,这简直不可思议。平台方(创始人)将 Token 免费送给每个人的同时还要向每个人支付一点"手续费",与此同时平台方收获的是一个强大的社群和无数个分散的利益共同体。这个利益共同体中心成员数量越大,持有 Token 的用户就获益越多,因此每个持有 Token 的用户都愿意主动(理想化的状态下)为项目做出更多的贡献。Token 作为未来平台的通证，可以被用来创造社区、聚集用户和凝集共识，让用户从"单纯的消费者"转变为"投资消费者"。用户数量的裂变加速生态化平台的形成，以此让更多用户了解并参与进来。

我们都知道黑洞，黑洞可以将周围的一切吸收进去。无论是星体、陨石还是尘埃，甚至是光都可以被吸入黑洞中。区块链的负边际成本可以形成价值漩涡，漩涡又会形成黑洞，吸附周围可能的价值。

3.8　合约思维

如果区块链 1.0 被称为"分布式账簿"，那么区块链 2.0 则可以被看作是一台"分布式计算机"。区块链 2.0 是以以太坊为代表的数字货币与智能合约的结合体。以太坊（Ethereum）是俄裔加拿大籍天才程序员 Vitalik Buterin 受比特币启发后提出的，通过其专用加密货币以太币（简称"ETH"）配合去中心化的以太虚拟机（Ethereum Virtual Machine）来处理点对点合约，目标是打造下一代加密货币与去中心化应用平台。

智能合约概念于 1995 年由尼克·萨博首次提出，简单的理解就是将现实社会中的"契约""合同"数字化，并且由计算机来依据程序进行裁决执行。智能合约是一种旨在以信息化方式传播、验证或执行合同的计算机协议。智能合约允许在没有第三方的情况下进行可信交易，这些交易可追踪且不可逆转。

3.8.1　智能合约代替传统契约

合同、协议和契约，基本上是同一个概念，在英文里是同一个单词"contract"，有短期的有长期的，有正式的有非正式的。小到人与人之间，中到公司、机构、团体之间，大到国家与国家之间都可以签署合约。狭义地说，所有的商品或劳务交易都是一种契约关系。广义地说，整个人类世界的运转都是基于契约的。当然除了契约，还有文化、情感、道德、政府管制等。

表 3-12 合约的执行过程

智能合约	传统契约
数字签名	手工签名
哈希指针	骑缝盖章
合约内容	条款内容
合约执行	条款执行

从表 3-12 中可以看到传统的契约为了保障真实性需要手工签名、盖章（包括骑缝章）、条款内容及条款执行，所以合约签署各方都会斟字酌句、深思熟虑。区块链的智能合约用数字签名来证明身份，用哈希值来确保内容没有被篡改过，合约内容即对应代码或程序（精细严谨的基于机器语言的综合体）。传统契约的执行依赖于签约主体的自律与政府、法律、道德等的保障力、约束力和威慑力。区块链的合约执行则不依赖于人的参与，而具有预先设定后的不变性和加密安全性。

基于区块链技术的智能合约，可以瞬间自动完成，在数字世界内做到可预测、有保障的执行，从规避违约风险和操作风险的角度较好地解决了参与方之间的信任问题。自动贩卖机就是类似智能合约的应用模式，投币就像是发送数据，贩卖机收到投币就像是区块上的智能合约受到触发。自动贩卖机根据硬币的面额和用户所要购买的商品和数量，自动完成交易，而智能合约根据触发的条件和预先设定的代码，自动完成执行。

3.8.2 合约成为未来世界的必然

2020 年 1 月 15 日，据网络报道，在线支付平台支付宝推出使用区块链技术用于面部识别汽车租赁服务，驾驶员通过"刷脸"在两分钟内即可完成整个租车过程。芝麻信用评分为 550 分或更高的消费者可以免收押金。该系统集成了区块链功能，以跟踪租车过程并防止交易纠纷。

在这则报道中，有三点需要特别关注。第一点，使用区块链技术；第二点，使用面部识别；第三点，使用芝麻信用评分。如何使用区块链构建基于去中心化点对点的未来出行模式，这在业内是多次被讨论的。如果不需要"滴滴出行"这样的中心化的公司，而是依靠区块链高度信任、无法抵赖和透明公开的特性，再配合其他传统技术，任何人可以使用任何一辆区块链登记的车辆，基于智能合约实现车辆匹配、线路匹配、自动下单、到站提醒、扣款支付等。面部识别能更大程度实现自动化的身份认证，减少人为干预。在区块链的体系内，最理想的情况是全部环境实现自动化，最好没有人的干预。面部识别连接了现实的用户和区块链中对应的身份，用户被强制捆绑最终关联为一个数字体。由于初期并没有各个主体在区块链世界中的历史数据，无法形成区块链信用，所以还会依赖于传统互联网的信用数据。

试想一下，将来在一个高度自动化的世界里，程序和代码大量地被用于社会、经济、医疗、教育、文化等方方面面，甚至出现在每个琐碎、细致的事务中，大量的机器为人类工作。这样的类似科幻片的场景，必定依靠大量合约（程序）才能实现。

主体的数字化是实现未来更大范围无人化、自动化的前提。未来高度合约化、自动化的社会运转将带来翻天覆地的变化，这有可能实现《黑客帝国》等科幻电影里的场景！未来人类一定能进入这样一个计算机数字控制的社会。《连线》杂志创始主编凯文凯利曾经预言到 2020 年有超过 2/3 的信息传输距离不会超过 1 公里，因为无需通过中心化的服务器来处理这些信息。

区块链为数据、设备和信息的自动化运行以及点对点互相控制提供了非常好的实现方案，而这正是未来数字社会时代很重要的基础。

3.8.3　再看合约、代码与机器

在一个区块链 1.0 的网络中，无论是矿工、社区还是币圈的炒客，这些所谓的"乌合之众"，通过这样一个松散的机制配合逻辑严密的智能合约，就可以相互协作，产生价值，传输价值，维护一个诚信的生态系统。更不可思议的是，参与到分工协作的不仅是人、终端设备，还有可能是软硬件结合的数字体。通过智能合约，人、代码与机器可以完美的协作，完成任务，创造价值。

我们仍然从支付宝区块链租车的报道说起，报道中并没有说支付宝推出的是分布式点对点的共享租车，而现阶段更可能是用户租用汽车租赁公司的汽车。用户和汽车租赁公司的智能合约至少需要包含两个功能：车钥匙的管理和资金的管理。一是车钥匙的管理，车钥匙的具体形式可以是数字钥匙或临时控制权。用户获得车钥匙之前，车钥匙在汽车租赁公司手里，用户获得车钥匙，然后使用汽车，最后将车钥匙退还给汽车租赁公司。二是资金的管理，用户的租赁费以某种加密货币的形式转出并冻结在合约中，用户使用汽车开始计费，使用完毕后，最终扣除的资金转到汽车租赁公司的账户内。可见，在区块链中嵌入智能合约，可以在更大范围内、更深层次上解决交易双方的信任问题和执行问题。

世界上有的国家赌博业是合法的。赌场往往都需要设立庞大的资本金，并以豪华的场面、严格的管理作为代价，来保证这个赌场是可以信任的。赌场投入巨资，往往回报也是巨大的，赌场盈利主要依靠"抽水"或者手续费，当然也有不少人相信赌场会作弊或者操控结果。如果换成基于区块链的合约建立信任模型，则巨大的运营成本就会被节约下来，不但区块链下的赌博游戏仍然可能有"抽水"，而且智能合约可以通过程序判断输赢，自动将输方的数字筹码转移给赢的一方。

我们现在需要和人、机构、公司打交道，将来需要更多的和合约、代码、机器打交道。合约可以理解为代码，合约和代码都可以统称为机器。合约思维也可以理解为代码思维或机器思维，合约思维讲究的是把更多需要人完成的事情、人干预的事情转变为纯合约、机器自动完成的事情。这看似简单的转变或逻辑，将会带来巨大的机会、创新和变革。我们会发现生活中出现越来越多的自助服务，比如无人便利店、无人公交车、无人的士、自助式地铁，将来还可能会出现无人餐厅、无人洗车、无人按摩、无人酒店、无人影院、无人诊所、无人酒吧、无人商场等等。虽然这些自动化设施和服务，可能并不是完全基于区块链，甚至只用到一点数字货币，但基于合约思维，未来将会产生大量的商业机会，出现很多家科技企业，甚至会诞生很多上市公司或者巨头企业。

3.8.4 两个世界与两种思维

对我们每个人来说世界可以分成两部分：自己的世界和外部的世界。两个世界都是真实的世界，自己的世界真实是因为自己能够用我们不同的感官感知并且记录和描绘；外部的世界可能并不依赖自己而存在，哪怕是自己不存在，外部的世界也会存在和运转。两个世界对应两种模式，一个是主观的，一个是客观的。主观的世界，感知取决于每个不同的人；客观的世界，无须感知，其运行取决于自然或社会的规律和法则。

人的模式对应人的思维，物的模式对应合约思维。合约思维对应的就是各种客观的规律和法则。

1. 人的思维与合约思维各有千秋

人的思维属于模式系统，又称范式系统，其特点是综合处理和模糊处理的能力较强，讲究各种信息的关联，需要调取各类历史记忆，通篇考虑社会环境、情感关系、道德文化等做出合乎逻辑的决定。合约思维也称为代码思维，一般指的是计算机模拟思维，处理问题按部就班，基于与或非逻辑公式，转化为 0 和 1 的二进制代码严格执行，不带有任何感情色彩，不考虑外界环境，是一种冷冰冰的法则执行。

人的思维自顶向下，由自我系统、元认知系统和认知系统构成，通常意义上的思维指的是元认知和认知。元认知是对认知的认知，即认知主体对于认知过程知识和调节这些过程的能力，是对思维和学习活动的知识和控制。

人类之间的语言，常常变化莫测。举个例子，一个病人问："有没有杀死癌细胞的方法？"医生对这句话真正的理解为："杀死癌细胞固然重要，但是先要确保病人的性命安全。"而机器逻辑可能无法完全理解语言背后微妙的意图，而做出危险的动作，很可能把人也杀死了，因为这样符合其严密的逻辑性，人死了那么其体内的癌细胞自然也就杀死了。

以合约、代码为驱动的机器，并不具备元认知系统，即使机器可以模拟部分的批判性思维和创造性思维，但机器也无法模拟人类的价值判断能力。人的思维是在价值观指引之下的思维，既要考虑个人利益也要考虑他人利益。人的思维并不追求极致准确，反倒是要求更加得体，符合社会环境的预期及美丑善恶都要综合判断和考虑。

2. 人与代码的融合

现在的人生活在一个忙碌的年代，为了生活，每个人都在努力地工作。清洁工每天凌晨准时开始打扫马路，公交车司机放下手刹踩下油门开始一天的忙碌，办公室族钻进高楼大厦打卡后开始分内的工作……《机器人总动员》中，机器人瓦力的工作是将垃圾变成正方体，并堆放起来，天黑就回到自己的铁皮屋子里去休息，瓦力这样工作了 700 年。

仔细想想，我们每个人的生活和瓦力是不是很像，人越来越像机器。

人类分工越来越细，每个人只要承担一种角色即可。高度发达的教育、规章、商业准则等将每个人的工作方式拆分为无数的行为、规则和合约，作为标准数据化的 KPI 体系所采用，每个人就像一个小机器，整个社会更像一个无比精密的巨型仪器。物联网（又称传感网），简称 IOT，简要讲就是互联网从人向物的延伸。随着传感器技术的不断发展以及成本的迅速下降，可穿戴设备将会迅速的发展。可以想象的是，人将会与硬件发生更多的交互，无论是物理层面的交互，还是数据层面的交互。

人的身份和越来越多的动作、特征、关系被数字化，记录在区块链数据库中。刷脸识别、外卖餐饮、日常购物、娱乐消费、社交网络、感情生活、工作创作、交通出行等都通过计算机完成，人已经成了计算机网络的数据源、动力源、操控者和被操控者，人越来越多地融入计算机世界中。

当然，这并无不妥，任何世界都需要工作、秩序和规则。这正是人类世界存在的价值所在，这或许也是其他任何生物和文明最向往的梦想之境。

谷歌、百度、微软、阿里巴巴等几乎所有科技巨头都在加大人工智能的投入，让机器像人一样成为人类社会追求的新目标。通过全世界顶尖企业坚持不懈地研究，或许未来多年以后机器人会拥有各种各样的情感，机器人会主动认识大千世界，机器人会有自己的观点和想象力，机器人会对信息进行合乎逻辑的判断。机器会越来越像人！

未来，计算机可能具备线性思维和非线性思维，拥有批判性思维和创造性思维，能依靠自我系统进行识别和判断，认知系统、元认知系统都会与自我系统形成相互作用。

3.8.5　合约思维带来的红利

每个希望与时俱进的人都应该重视并且学习一下合约思维，因为我们的世界越来越机器化和代码化，这种浪潮将席卷全世界，将渗透到社会的方方面面。

　　我们以前拨打客服电话，会有客服专员解答问题，提供服务。细心的人会发现，最近一些银行或运营商的客服系统增加了智能机器人客服，智能机器人客服先解答一般性的问题，解决不了的问题才会转入人工服务。智能客服机器人能够代替人工 24 小时工作，同时接待上万名访客，回答访客重复、简单的问题，一次性解决人工客服缺失、精力分散、成本高等问题。

　　减少人为干预的自动执行是社会发展的趋势，如果你是商家则可以考虑让机器程序实现更多的服务环节，让你的服务高度的智能化。未来的理发店可能会引入一种三维头部扫描设备，快速且准确的得出头部外形数据，不仅顾客可以在理发前轻点屏幕选择发型，甚至接下来的理发环节也全部由机器实现。未来的基于人脸识别实现身份认定，将大量先进技术应用到营业场所，或许会改变现在大部分的商业形态。未来的人体红外感应器、视觉识别装置、毫米波雷达、激光雷达和摄像头等可以监控并且记录用户在营业场所内的一举一动。未来的桌子、椅子、地板、理疗床、售卖机、购物车、吧台、杯子、盘子、刀叉、游戏机、按摩椅等各类设备都可能是高度智能的数码设备，无人业态可能会出现在大街小巷。

　　几年前，人们带着优盘到数码冲印店里或者发邮件给店主来实现照片冲印。后来数码冲印店开通了网店，顾客通过网络上传照片，自动下单并且付款，客户无须到店也能获得满意的服务。再往后，顾客在网店上传照片后，店主的 AI 服务助理可能通过人脸识别程序来自动提醒顾客上传了问题照片，同时也可以将闭眼的图像自动调整为睁眼的图像，智能助理可能还会提供多种尺寸、格式、相框等让顾客预览选择，最后通过机械手自动实现后续的裁剪、整理、包装、发快递的流程。

　　不管是商家、企业主还是项目主管，大家都可以任意放开思维，因为在未来限制我们的并非是技术，而是我们的想象力，我们会不断有很多有用、新奇的创新品产生出来。创业者可以在其中找到大量的创业机会，这场以自动化、合约化、信息化为特征的深度变革方兴未艾，创业者们将大有可为。

合约思维倡导人类更加守信，依靠代码把更多以往人类才能完成的工作交给机器来完成。合约思维鼓励多问能不能做，多问怎么做。举个例子，既然垃圾分类是一个让人很纠结烦躁的事情，那么垃圾桶能不能做成智能的？人在扔垃圾的时候只需要把垃圾扔到传送带上，垃圾被自动识别并且被分拣到不同的垃圾筒内，以实现垃圾的自动分类。

对于普通百姓来说，享受更多的智能数码服务指日可待。当然，这种变化并不是一蹴而就的，每个地区发展的水平和速度都不相同，数字鸿沟存在于过去和现在，未来当然也会一直存在。即便是同一个地区的人群，一部分人可能会更快地掌握了先进的技能和工具，占取先机，进而获得平台红利。比如早期开淘宝店的店主、早期直播的网红、早期运营自媒体的博主。那些较早使用各种先进技术和平台的人，可以利用这种信息、资源和能力的不对称获得相应的收益，甚至取得巨大的成功。

3.8.6　合约与人工智能

人工智能取得了巨大的发展，我们可以通过人工智能技术识别人脸、识别图片或视频里的内容，可以和智能音箱对话聊天，创作短篇小说。再比如，现在已有 AI 剪辑的视频素材用于影视领域，我们日常出行的高德地图使用了大量智能的算法，阿里人工智能"鲁班"在双十一前一天设计了 4 000 万张海报。

其实，目前仍然有大量重复琐碎的工作并没有被机器所取代。比如叠衣服、刷锅洗碗、做简单的美食等；再比如老师每天备课、讲课、指导学生、判作业、和家长谈话、给学生作评价等。当然，可以练习英语情景对话的机器人在语言类 App 中已经出现，机器人陪打羽毛球和乒乓球也在媒体上有了报道。刚开始我们当作奇闻来看，可能随着类似的报道越来越多，慢慢就习惯了。

在区块链里，日趋完善的智能合约将根据交易对象的特点和属性产生更加自动化的协议。人工智能的进一步研究将允许了解越来越复杂的逻辑，针对不同的合同实施不同的行为。区块链的合约还将推进解决信息不对称的问题。在传统市场中，买卖双方掌握的产品信息是对比悬殊的，比如消费者想购买一辆汽车，4S 店的销售顾问往往只讲车的优点而对于缺陷却只字不提。消费者付款提车后只能期盼汽车不出问题，虽然有消费者保护条例，但是一旦汽车出现问题往往很难判定是 4S 店的问题。而智能合约可以进行极其细致的界定责任，如果政府出台的智能合约模板中约定了问题出现的范围，哪些是 4S 店的责任，哪些是消费者的责任，分别对应 4S 店应该赔多少，然后自动执行，这就让纠纷的解决变得极其简单。著名经济学家科斯有一个论断：权责界定越明晰，经济就越容易达到帕累托最优。

区块链结合大数据、人工智能和物联网，可以实现资源配置的优化，扩大智能合约的应用范围和深度，万物上链，万物互链，人类的生产力与生产关系都有可能极大的改变。人类将开启更大规模的从现实世界迁移入数字世界的浪潮和运动。

第 4 章
区块链思维的应用落地

根据区块链的发展状况，区块链的应用可分为三个阶段：区块链 1.0 时代、2.0 时代和 3.0 时代。区块链 1.0 时代是加密货币的时代，典型的应用就是比特币。区块链 2.0 时代是以以太坊为代表的智能合约的时代，区块链的应用多为数据上传和执行智能合约。区块链 3.0 时代是区块链大规模发展应用的时代，区块链的应用不仅仅局限于金融领域，而且扩展到了艺术、法律、房地产、医院、人力资源等领域。尤其在习近平总书记主持中共中央政治局第十八次集体学习之后，全国学习区块链的浪潮空前高涨，对于区块链技术在国内的应用和发展也上升到新台阶，区块链重新被认知。区块链技术集成了密码学、经济学、分布式存储、网络科学及应用数据等多种技术，被称为一种新型基础设施。区块链技术对于经济体的改变也越发深入和广泛。

区块链的产业图谱如图 4-1 所示。在这张区块链的产业图谱中，我们可以看到区块链领域的参与者有着不同的角色，包括媒体社区、第三方服务提供方、技术提供方等。区块链在垂直行业领域的应用比较广泛，比较突出的特色应用在金融行业、版权保护、溯源防伪、能源行业、共享经济等领域。下面按照这个产业图谱，我们来详细介绍每一个垂直领域的应用及案例。

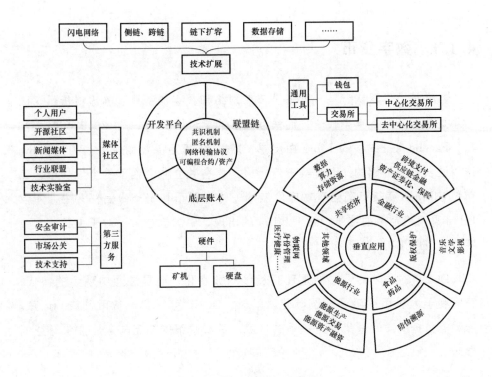

图 4-1 区块链的产业图谱

4.1 区块链＋金融科技

过去几年，国外的金融机构开始了区块链技术的研究和试点工作。国内的中国人民银行已组建团队研究发行数字货币，招商银行试点区块链技术实现直联跨境支付，中国邮政储蓄银行推出基于区块链的资产托管系统，兴业银行开发了一套基于区块链技术的防伪平台用于处理票据业务。区块链以新一代技术特色和思维模式在金融行业华丽登场了。

据麦肯锡公司分析，区块链技术对金融行业的影响最可能发生在银行支付交易、资本市场和投资银行业务的应用场景中，如数字货币、跨境支付与结算、供应链金融、票据业务、客户征信五大应用场景。

4.1.1 数字货币

数字货币可以认为是一种基于节点网络和数字加密算法的虚拟货币。比特币是数字货币的典型代表，而最近热议的莫过于 Libra 了。2019 年 6 月 18日，Facebook 正式发布 Libra 白皮书，随即 27 家巨头纷纷加入。因为 Libra是以区块链为基础的、有真实资产担保的、有独立协会治理的全球货币，每单位 Libra 数字货币都会有对应价值的一篮子货币和资产做信任背书，所以Libra 具有稳定币的特质。由于 Libra 的出现，中国也加大了对于央行法定数字货币（DCEP）的研究工作。

DCEP 的意义在于它不是现有货币的数字化，而是流通中现金的替代，它有利于人民币的流通和国际化。同时，DCEP 可以实现货币创造、记账、流动等数据的实时采集，为货币的投放、货币政策的制定与实施提供有益的参考。

4.1.2 跨境支付与结算

跨境支付与结算的过程中涉及大量的中介结构，用普通电汇的方式一般需要 3～7 天的时间，最快也要 2～3 天实现汇款，而且手续费也比较贵。通过区块链技术，可以实现接近实时的跨境交易业务。

例如，Visa B2B Connect 项目就是基于这一模式。该解决方案由知名卡组织 Visa 提供，集成在 Hyperledger Fabric 框架上，建立了一个可用于企业财务部门的可扩展的许可链。该区块链网络可以将交易从付款银行直接送至收款银行，并实现点对点的清算结算，消除企业跨境支付交易中的障碍，缩短交易完成时间。该系统还拥有独特的数字身份识别功能，能够将企业的敏感商务信息（如银行信息和账号）数字化，生成唯一的加密标识符，并用于在此网络中完成交易。该系统已于 2019 年 6 月正式投入商用。

2019 年 5 月，加拿大央行和新加坡金融管理局也联合完成了首次以区块链技术作为跨境支付的试验。它们分别有各自境内的银行间的联盟链——Jasper 和 Ubin。这两个项目分别搭建在两个不同的区块链底层上：分别为 R3 的 Corda 和 JP Morgan 的 Quorum。而这项试验中，这两个联盟链网络使用了一种叫作"Hash 时间锁定"的技术进行跨链信息互通，并允许直接付款（PvP）结算，无须使用中介。这项试验不仅证明了区块链在提高跨境支付效率方面的巨大潜力，而且验证了跨链支付在真实商业环境中的可能性。

4.1.3 供应链金融

供应链金融是一种依托核心企业，以供应链交易过程中的应收账款、预付账款、存货作为质押，为供应链中的中小企业提供融资服务。基于区块链技术，可以使供应链金融体系内的核心企业、供应商、分销商、物流公司、仓储公司等产业链上下游参与者的信息实现共享，并且可保证数据的准确性，把这些信息反馈给金融机构并实现金融风险的把控。

很多公司提供了基于区块链的供应链金融解决方案，目前比较有代表性的项目包括腾讯的微企链、复杂美的区块链供应链金融平台、布比的壹诺金融等。

微企链是由腾讯旗下的腾讯金融科技与联易融共同打造的"供应链金融＋区块链＋ABS 平台"。通过区块链不可篡改、信息可溯的特性，实现核心企业的信用穿透覆盖至长尾供应商，提高小微企业融资可获得性，降低融资成本。同时，金融机构也可通过平台批量服务小微企业，获取低风险高收益资产，核心企业也可通过平台优化供应链管理，低成本实现科技创新。微企链在运行不到一年的时间内，已服务核心企业 71 家，接入合作银行 12 家，服务领域涵盖地产、能源、汽车、医药等行业。完成链上流水达百亿，穿透供应商层级 1～2 级，与传统银行贷款相比能降低 2～8％的利率。

复杂美区块链供应链金融服务平台于 2017 年 9 月成为首批通过中国信通院-可信区块链预测试产品。2018 年 9 月，复杂美与中国轻工企业投资发展协会联合发布"中国轻工产业供应链金融服务平台",未来复杂美将为中国轻工企业投资发展协会旗下 80 多个行业的上万家会员单位打造区块链供应链金融平台,利用区块链技术提高中小企业的信用,提高资金流转效率。

壹诺金融是布比于 2017 年 5 月自主开发并运营区块链供应链的金融网络平台。该平台依托产业链条中真实的贸易背景和核心企业付款信用,利用区块链不可篡改、多方共享的分布式账本特性,把传统企业贸易过程中的赊销行为用区块链技术转换为一种可拆分、可流转、可持有到期、可融资的区块链记账凭证。释放并传递核心企业信用的同时打破信息不对称、降低信任成本和资金流转风险大等问题。优化资金配置,为其他环节供应商带来融资的可行性、便利性。为金融机构提供更多投资场景,实现其在供应链金融业务领域上的降本增效。通过打造"供应链+区块链=产业链"的生态网络,有效提高当前碎片化经济下全产业链的资金流转效益,助力实体经济的快速健康发展。目前,壹诺金融已经在预付账款融资、保兑仓、存货质押、保理、多级拆转融、ABS/ABN、信托等领域落地应用,开发出了完善的产品体系。其与贵阳银行、中金支付、中外运、攀钢集团、富士康、国投集团等千余家企业建立了合作关系,为其提供产品设计、技术支持、运营维护、专业咨询等服务,探索出区块链在不同行业场景的应用。

由中国人民银行数字货币研究所与中国人民银行深圳市中心支行牵头建设和运营的"中国人民银行贸易金融区块链平台",就是通过区块链技术打造的一个为贸易金融提供公共服务的金融基础设施,能有效促进市场信任机制的形成,为金融机构提供贸易背景真实性保障,降低数据获取门槛,可在一定程度上解决目前中小企业融资难等问题。

2019 年 12 月,中国中车、中国铁建、国机集团等 11 家央企联合金融机构、地方企业成立的中企云链发布了基于区块链的供应链金融应用产品"云存证",旨在推动单一供应链金融平台生态迈向联盟生态。

4.1.4　票据业务

在传统的票据业务中，由于人工参与的环节多，所以容易出现人为的错漏甚至违规的事情。尤其在电子票据出现后，一票多用等问题也相应出现，并且辨别票据真伪也耗时耗力。应用区块链技术之后，这些问题将迎刃而解，从生成、传送、储存到使用的全程中，给区块链电子票据盖上"戳"，就可以有效保证票据信息的数据真实性和唯一性，也避免了票据的重复使用。针对传统发票中存在的参与方多、流转周期长、各参与方信息不互通、发票造假、一票多开、偷税漏税等问题，区块链电子票据为税务监管提供了全新的解决方案。区块链网络将税务管理部门和纳税企业纳入区块链税务生态中，实现"资金流、发票流"的"二流合一"，打通"支付-开具-报销-入账"全流程，极大缩短了开票、报销的流程，而且由于发票的流转在链上是可查可追溯的，这便能够帮助税务局等监管方实现更好的全流程监管。

2017 年 1 月 3 日，浙商银行基于区块链技术的移动数字汇票产品正式上线并完成了首笔交易，标志着区块链技术在银行核心业务的真正落地应用。浙商银行于 2016 年 12 月成功搭建基于区块链技术的移动数字汇票平台，为客户提供在移动客户端签发、签收、转让、买卖、兑付移动数字汇票的功能，并在区块链平台上实现公开、安全记账。

2018 年 1 月 25 日，上海票据交易所成功上线并试运行数字票据交易平台。中国工商银行、中国银行、浦发银行和杭州银行在数字票据交易平台顺利完成基于区块链技术的数字票据签发、承兑、贴现和转贴现业务。

2018 年 6 月 7 日，中国人民银行完成了一个以区块链为基础系统的工作，该系统可以将国内企业的支票数字化。

2018 年 8 月，由国家税务总局指导、国家税务总局深圳市税务局主导落地，由腾讯区块链提供底层技术支撑的区块链电子发票实现落地，利用区块链的分布式记账、多方公式和非对称加密等机制，解决了发票流转信息上链，打通了信息孤岛，并且通过链上身份标识，确保了发票的唯一性和信息记录的不可篡改，同时纳入税务局等监管机构，帮助政府实现更好的全流程监管。最后，由于腾讯区块链电子发票将税务机关、开票企业、纳税人、收票企业整合到区块链上，实现发票开具与线上支付相结合的效果，打通了发票申领、开票、报销和报税的整体流程。2018 年 8 月 10 日，全国首张区块链电子发票在深圳国贸旋转餐厅开出，深圳成为区块链电子发票的首个试点城市。深圳市区块链电子发票经过一年多落地应用，目前已接入企业超过 7 600 家，开票数量突破 1 000 万张，开票金额超 70 亿元。区块链电子发票现已广泛应用于金融保险、零售商超、酒店餐饮、停车服务等上百个行业。

2018 年 8 月，太平洋保险携手京东集团共同宣布——全国首个利用区块链技术实现增值税专用发票电子化项目正式上线运行，并在中国太保"互联网采购（e 采）平台"试点应用。初步统计，太平洋保险每年在发票查验、认证等花费的直接人工成本超过 1 400 万元。区块链技术具备特有的分布式、不可篡改、全流程完整追溯等特点，能够确保增值税发票的真实有效、信息未经篡改、不存在重复报销的情况，为税企双方在发票管理上实现降本增效。

2019 年 6 月，浙江省区块链医疗电子票据平台上线，该平台由浙江省财政厅发起，利用蚂蚁区块链技术共同推进，旨在优化用户就医流程。

2019 年 8 月，中国国新控股有限责任公司携手中核集团、航天科技、中国石化、中国海油、南方航空、中国五矿等 51 家央企共同发起设立了央企商业承兑汇票互认联盟。联盟搭建的商业票据流通平台"企票通"便是通过区块链技术促进央企商票的安全高效流转。

北京市财政局利用区块链技术推广财政电子票据应用，实现了财政电子票据信息共享、优化业务流程、降低运营成本、提升协同效率、建设可信体系等方面的效果。财政票据可广泛应用于各个领域，与企业和群众办事息息相关，在财政电子票据流转的环节中，流转状态不易记录，财政部门、报销单位和审计部门对过程难以验证。同时由于财政电子票据的数据存储在财政部门和用票单位，在现有信息系统架构下，数据共享和业务协同的效率仍存在瓶颈。按照"源头上链、授权使用、可信流转、智能监管"的业务管理模式，北京市搭建了财政电子票据区块链网络，建立财政电子票据社会化应用生态"联盟"，实现财政电子票据信息共享，推动财政电子票据在各领域的应用。区块链技术具有隐私保护、可信流转、使用留痕、高并发性、可多方参与等特点，利用这些特性可以帮助财政电子票据在业务监管和社会化流转应用方面解决相关症结。例如应用区块链技术，可为记录票据开票、监制、打印甚至报销状态、时间和轨迹提供新的解决方案，让有权限的单位或个人可根据票据的关键要素，查询电子票据的所有信息和状态，不仅解决了数据共享的安全性问题，还通过数据的公开透明、不可篡改与集体维护等措施，降低了信息不对称性，促成新的票据信息传输和信任机制。北京市财政局基于区块链技术推广财政电子票据，于 2020 年 3 月 25 日在北京天坛医院和北京市慈善协会成功开出了区块链医疗收费票据和公益事业捐赠票据，成为北京市财政电子票据领域的区块链技术首次成功试点应用。截至 2020 年 5 月底，北京市区块链财政电子票据已经在医疗、公益捐赠、教育领域实现了试点应用，共开具上链财政电子票据 64404 张。

利用区块链技术推广财政电子票据的应用，将技术优势落实到实际的业务工作中，充分发挥区块链在财政电子票据领域上的促进数据共享、优化业务流程、降低运营成本、提升协同效率、建设可信体系等方面的应用效果。以医疗电子票据为例，北京市民在自助机完成缴费后，随即可通过手机上的微信小程序查看到属于自己的医疗电子票据，并可实时追溯票据的应用流转轨迹。患者不仅节约了排队取票时间，也不再担心出现票据丢失、票据验真及无法报销等问题了，患者不必再为这些"小麻烦"所困扰，就诊体验进一步提升。对于有保险报销需要的患者，基于区块链通过在线上提交电子票据等材料，能够方便高效地完成商业医疗保险报销的工作。保险公司利用区块链上电子票据的轨迹信息追溯，查得清清楚楚、报销得明明白白，这样既节省了投保人理赔时间，也降低了保险公司理赔审核成本，有效提升了服务体验。

重庆市渝中区电子处方区块链流转平台是基于区块链技术应用在区块链

＋智慧医疗，实现了医院和药店的电子处方数据共享，缓解了就医难的难题。在医疗领域的患者特别是慢性患者，复诊的流程特别繁琐，要挂号排队、就诊、开方、付款、取药等一系列流程，导致复诊很麻烦，而且占用初诊的资源，进而造成就医难。对于医疗机构，由于医院的 HIS 系统和药店的信息系统相对独立，所以处方很难共享。另外，对于监管单位，存在假处方、过期处方等问题，监管起来比较困难。在重庆市渝中区上线了区块链＋智慧医疗的"华医链"平台后，医生诊断记录、处方、用药初审、取药信息、送药信息、支付信息都将"盖戳"后记录在"华医链"上。"华医链"还联合北京互联网法院、广州互联网法院、北京国信公证处、仲裁委和版权局等司法机构，多节点备份，做到不可篡改、全程追溯，且具备公信力。在平台上，医生可以远程为患者开具电子处方，患者本地药房购买处方药，实现分级医疗，最终提升全链路效率和就医体验。2019 年 8 月，重庆市区块链电子处方平台发布。2020 年 4 月 9 日，百度超级链推动重庆市首张在线医保结算电子处方开出。截至 2020 年 8 月，电子处方流转平台已经接入 12 家医院，其中包括 1 家三甲医院和 11 家社区医院。实现民众足不出户、在线取药。

4.1.5 客户征信

全球金融机构都要受到政府严格监管，其中最重要的一条是金融机构在向客户提供服务时必须履行客户识别（KYC）责任，即需要对客户进行征信体系验证。传统方式下，KYC 是非常耗时的流程，缺少自动验证消费者身份的技术，因此无法高效地开展工作。在传统金融体系中，不同机构间的用户身份信息和交易记录无法实现全程监管和识别，使得监管机构的工作难以落到实处。对此，区块链技术可实现数字化身份信息的安全、可靠管理，在保证客户隐私的前提下提升客户识别的效率并降低成本。例如，华为开发的基于华为区块链服务构建的欺诈黑名单共享联盟链。黑名单共享就是一个有效的"区块链＋征信"的应用场景。该场景应用区块链后的优点在于：①弥补单个商家的欺诈黑名单不足。羊毛党通常同时在多家平台进行欺诈，而黑名单共享，能有效弥补单个平台的缺陷。②共享联盟天然难以建立，因为每个商家掌握的数据价值不同，大小商家在缺乏合作机制的前提下无法数据共享，应用区块链技术可以有效地解决这个问题。③每家数据的质量格式不同，应用区块链技术可以降低每个联盟成员整合黑名单的成本。华为推出的黑名单共享平台，基于区块链的点对点、可溯源、不可篡改等特征，构筑互联网金融机构间的联合欺诈黑名单共享解决方案，以提升金融机构的放贷质量，降低金融机构因为信息不对称带来的成本。

从技术上讲，区块链技术在海量数据存取方面效率低下，区块内写入过多数据会影响链的可扩展性，而且打包式地写入和遍历式地读取均会导致数据存取效率低。虽然区块链与数据库（或分布式文件系统）相结合的方式可用于大数据量存取，但却无法杜绝数据本身被删改。区块链上数据的不可删改特征也与企业级应用需求本身存在一定冲突，随着数据的持续增长，系统将愈发"臃肿"，而提高了维护成本。上面这些问题是制约区块链技术在征信行业中大规模应用的一个瓶颈。因此，开发支持全流程可信的应用案例也是征信领域的一个发展方向。也就是说，"区块链＋征信"不再是一个独立存在的应用领域，而是需要融入每个应用场景中去。

4.2　区块链＋数字身份

在生活中，我们有很多的身份，如在社会中，我们是公民；在家庭中，我们是儿女、丈夫或妻子；在公司中，我们是老板或职员。而数字身份是将我们的个人或者物体的真实身份信息浓缩为数字代码，具有可通过网络、相关设备等查询和识别的公共密钥。无论是计算机、服务器、智能手机还是电子护照，都需要通过身份认证，确认合法的数字身份。数字身份不仅包含出生信息、个体描述、生物特征等身份编码信息，还涉及多种属性的个人行为信息。随着互联网和数字化的快速发展，数字身份对于区块链的应用发展可谓举足轻重。

由于身份证明被盗或者遗失，美国德克萨斯州的奥斯汀年均约7 000名无家可归的人无法得到诸如医疗护理、住房和潜在就业等社会服务。为了解决这些问题，该市计划采用区块链技术，为无家可归的人创建独特的数字标识符，使其能够重建关于住房、健康和就业记录的可信记录，帮助他们重回生活正轨。由此可见，一个人的身份信息是多么的重要。利用区块链技术构建个人身份信息，如出生信息，求学信息、就职信息，由链上同学或同事等投票认证，或者通过权威中心认证。如果个人担心信息泄露，也可以通过零知识证明来认证，验证信息的机构只能知道真或伪的结果，无法获得个人的信息数据。

区块链为设备和用户数据提供分布式存储与身份验证平台，保证了身份数据的不可篡改性。智能合约具有可审查性、透明性和公正性，使用智能合约对设备和用户权限进行验证，并对数据进行管理。设备节点和用户账户以密码学为基础，使用公私钥作为身份认证。公众可以自行上传信息，然后由政府部门完成认证。系统还可以对自然人周边信息进行认证，公众可以选择对信息进行授权使用，从而保护隐私。

数字身份的概念已经诞生几十年，期间经历了中心化身份、联盟身份、以用户为中心的身份和自主主权身份（Self-Sovereign Identity，SSI）。中心化身份是指由单一机构认证管理，这个时期的数字身份由 CA、域名注册商和网站拥有，一直到现在，数字身份的主要形态仍然是中心化身份。联盟身份是指由多个网站或者机构来认证管理，允许用户在多个网站使用一个身份，这种设想的初衷是减弱中心集权化对于用户利益的影响，但是结果却又形成了另一个集权化的中心。以用户为中心的身份是指"每个人都有控制自己身份的权利"，这个阶段有两个关键要素——一个是用户授权，另一个是互操作性。用户可以通过授权和许可，决定从一个应用服务到另外一个应用服务共享一个身份，并且这两个应用服务可以共享该身份信息并提供相关的服务。到目前为止，自主主权身份还没有一个共识的定义，但主要是指用户可以自主控制、自主管理，这些个人数据信息可以存储在个人钱包（类似于加密钱包）中，人们可以自行决定何时以及如何与其他人共享信息。自主主权的用户必须是身份管理的中心，要做到这点，自主主权的身份必须是去中心化的，不能有超级节点存在。

区块链正在激活这个概念的再一次革命——遵循一套简单的定义和共识的原则。引自区块链联盟 ID2020，"全球依然有近五分之一人口没有身份，区块链/分布式账本技术系统的特性天然与自主主权身份相匹配，并且已纳入 ISO/TC307 的工作范畴。"

《电子身份识别和信托服务条例》于 2018 年 9 月 29 日正式生效，该条例在欧盟范围内承认电子身份证的合法地位，欧盟居民和企业可在成员国内跨境进行网上纳税申报、跨境建立银行账户、登记企业、申请学校和读取个人电子病历等。

4.2.1 传统数字身份的痛点

数字身份十分重要，它关系着个人的身体、言行、财产和信誉等私人信息。然而，这些信息在中心化系统下安全性较低，身份信息被泄露和盗用的严峻形势亟需新型的保护模式。

当前，政府对于数字身份的运用存在两个困境：一是数据身份的多来源特征影响了办公效率，各业务系统间缺乏统一标准；二是数字身份的可信验证受承载网络、认证中心等条件限制，因而难以推广至其他行业。

4.2.2 区块链＋数字身份的优势

(1) 提升证照信息防伪能力。区块链技术去中心化、公开透明和不可篡改性等特征为解决传统电子证照数据的真实性、自证性提供方法。

(2) 保障证照信息安全。通过区块链技术的非对称性加密保障信息安全。若出现单点故障，分布式系统的特性仍可以保障系统的正常使用。

(3) 提升服务效率。通过建立电子证照目录体系，实现快速检索和规范化管理的目标。实现电子证照库的高效率查验比对，能解决政府、企业、公民之间的证件查验难题，提升政府治理能力的现代化水平，为市民生活提供便利。

（4）部门信息共享，简化审批流程。由于政府各部门职能差别，数据归集管理不同，因此证照数据分散在各部门系统中。区块链通过建立联盟链的方式，实现政府内部各职能部门证照数据的归集和共享，简化审批流程。

4.2.3 区块链＋数字身份的应用

区块链＋数字身份的应用方面有很多，如图 4-2 所示，数字身份信息类别可能包含身份证、驾驶证、不动产证、营业执照、资质证书和纳税证明等。公民在政府部门办理业务或者在进行网络社交、电子商务及学历证明等活动时，不需要某个中心机构（如公安、银行等）提供书面证明，便可随时随地调用自己的数字证件。机构在验证公民个人信息时，看不到原始数据，通过校验数字证件的哈希值完成验证，避免了个人隐私泄漏的风险。

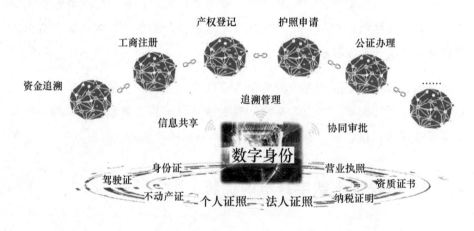

图 4-2　区块链＋数字身份的应用

例如通付盾，采用去中心化数字身份认证，基于区块链和数字加密技术，融合 PKI 公钥认证体系、零知识证明认证体系，构建"云、管、端"多层次安全架构，综合运用生物特征识别、国密算法、设备标识、时空码和应用加固等多项安全专利技术，实现无介质、跨平台和多因子的可信数字身份解决方案。普通用户使用智能手机即可安全、快速及便捷地完成身份认证操作。

国内的数字身份识别已经产生具体的落地应用。由于身份认证涉及社会公共管理，少不了公安部门的参与。因此，对于这个子行业我们的关注点必须始终要和公安部门的关注点同步。2019 年，值得我们关注的一个项目是公安部第三研究所提出的 eID。

eID 以数字身份为索引，形成了 eID 数字身份网络、数据网络、服务网络和应用网络，面向政务、企业、社会和行业提供证明信息。由公安部门签发，从源头上消除信息造假的可能，而区块链 eID 保证了流通过程中的权威，中立、安全且可控。eID 从 2018 年起获得华为手机的支持后，2019 年又获得了小米、vivo、oppo 手机的支持。预计 2020 年会获得亿元级别的客户支持。

这个项目并没用利用完全的区块链去中心的思想，而是利用区块链技术实现了中立，以服务节点销售收入作为最主要收入来源。数字身份的大规模应用将成为数据流转、积分互换、电子合同和电子查证等多个应用场景的基础技术。

其他国家在这样的数字身份项目也有类似的尝试。

国际上相对成熟的数字身份项目是爱沙尼亚的数字国家计划。爱沙尼亚从 2002 年就开始实行数字身份计划。通过该计划，公民可以获得爱沙尼亚的数字身份，进而享受和身份相关的公司设立、网络银行、税收和公民投票系统，包括任何需要公民数字签名的公共服务。该计划有三个支撑性项目：安全在线数据传输平台 X-Road、数字身份证项目和区块链系统项目。爱沙尼亚数字签名技术使用区块链技术甚至早于比特币。X-Road 早在 2001 年就投入使用，但早期采用的不是区块链技术，而是普通互联网的数据传输，但其在 2007 年遭遇重大安全漏洞，因此爱沙尼亚政府于 2008 年转向了区块链技术。之后，X-Road 变为一个大型的分布式系统，将各个公有部门和私有部门的数据集成到一个公共的平台上，极大地降低了公共部门的信息交换成本。基于数字身份和 X-Road 的基础设施，爱沙尼亚政府顺利地实现了公共服务的数字化。这样的信息交换技术得到了其他欧盟国家的认可与支持，芬兰于 2018 年也加入了 X-Road，实现了主权国家之间的联盟链。这些数据的完整性就是通过区块链技术实现，通过区块链技术，这些公共数据连政府部门都无法篡改。

这样的数字计划不仅实现了国家的数字化，还极大地提升了国家的国际竞争力。

4.3 区块链＋政府

政务领域是区块链技术落地最多的场景之一。

可以观察到的是，政府方面对区块链的接受度越来越高。日本开发了基于区块链的国民身份证系统，马来西亚的商业登记处引入了区块链技术，巴西圣保罗市政府计划通过区块链登记公共工程项目等。

在中国，政府部门同样不断探索区块链的应用落地场景。例如，2018 年10 月，广州市的"政策公信链"是区块链政策兑现平台，旨在提高政府政策兑现业务处理效率。2019 年 4 月，北京市海淀区推出基于区块链技术的"不动产登记＋用电过户"同步办理的新举措，实现以二手房交易为主题的各项服务的联动办理。2019 年 6 月，重庆市上线了区块链政务服务平台，之后，在重庆注册公司的时间从过去的十余天缩短到三天。2019 年 10 月，绍兴市成功判决全国首例区块链存证刑事案件，在案件办理过程中通过区块链技术对数据加密，并通过后期哈希值比对，保证数据的真实性。

区块链在政府工作方面的广泛落地，基于一个简单的技术原理，即区块链能够打破数据壁垒，解决信任问题，极大地提升办事效率。

2017 年 6 月，佛山市禅城区落地区块链政务应用——"智慧城市"。"智慧城市"底层采用区块链技术，打通不同部门间的数据孤岛，形成跨平台、跨部门、跨地区的城市数据体系，实现城市数据的协同互联。目前，禅城区区块链政务应用项目包括区块链＋身份认证、区块链＋公证、区块链＋食品安全、区块链＋社区矫正等。

2017 年，南京市率先上线全国第一个基于区块链技术的电子证照共享平台，通过跨部门、跨区域、跨行业公共服务事项的信息共享，实现行政事项全程网办。用户在网上提交办件申报，提交申报材料时自动核验该电子证照共享平台中的用户信息，核验后通过管理平台进行流转办理，审批结果通过互联网端呈现或物流递送，整个办事过程无须到大厅。其中，南京市民通过"我的南京"手机 App 实现住房资格证明的全程网办就是电子证照共享平台的最新场景服务之一。基于区块链技术的电子证照共享平台与传统的电子证照库相比，具有更好的真实性、安全性、稳定性和可行性，解决了传统中心化架构的电子证照库采集和应用过程中权责不分的问题，彻底解决了数据被篡改的可能性，并通过激励机制提升数据相关方共享数据的积极性，且具备数据不被篡改、去中心化、数据加密和信任传递的特征，创新实现电子证照在全省、全市范围内跨区域的信息归集、快速检索和结果应用。进一步推进南京"互联网＋政务服务"，其结果为深化简政放权、放管结合，实现各部门、各层级间政务服务数据共享，促进政府高效施政提供了强有力的支持。

此外，该电子证照共享平台还实现了更多政务事项在线办理功能，如购车资格证明在线办理、户口在线迁入、社保在线转移、公积金在线提取、护照在线办理和出入境自助签注等。例如，泉州市行政服务中心在 2019 年 11月上线区块链电子证照，实现了区块链电子证照和实体证照的同时颁发。"泉州政务服务" App 采用了"区块链＋电子证照"技术，并整合了证照链、证件包，实现证照的链上授权，并且每次授权使用都会在链上留下完整的存证记录，依托于区块链技术不可篡改的特性，保证了证照使用信息的可溯源，消除了人民群众使用电子证照的信息泄露的担忧。

雄安新区上线了基于区块链技术的项目集成管理平台。雄安作为新兴之城，区块链技术从城市建设之初便被视为重要的基础设施。因而，其区块链布局也形成了相对完善的体系，从资金管理到工程管控，从土地到房屋租赁，各环节都有区块链技术的介入。2018 年 8 月，雄安新区上线了国内首家基于区块链技术的项目集成管理平台，截至目前已经接入了多项工程，包括千年秀林工程、城市截洪渠工程、黄河污水库治理工程等，并且与工程相关的企业全部已经上链，实现了各个项目在融资、资金管控、工资发放上的透明管理，累计管理资金达到 10 亿元人民币。在传统的工程项目中常常出现工程资金挪用、违约转包、拖欠工人工资和工程质量等一系列问题，而区块链平台能避免传统资金发放过程当中因为信息不对称造成的资金被挪用和截留的问题。未来，区块链技术还将应用于雄安新区其他领域的资金管控，包括拆迁补偿、资源分配、数据溯源、安全、共享和交换等领域。

2018 年 4 月，雄安新区还建成了区块链租房应用平台，从租房领域运用区块链技术来说这是国内的首例。通过区块链租房应用平台挂牌房源信息、房东房客身份信息和房屋租赁合同信息可以得到多方验证，租客不必再担心遇到"假房东"，租到"假房子"，因为租房各个环节信息都记在区块链上，它们之间会相互验证。

2018 年 7 月，"区块链＋供应链"分包商融资业务在雄安新区落地。具体落地项目为中交第一航务工程局有限公司雄安新区容城容东片区截洪渠一期工程。该业务以项目业主信用为基础，利用区块链平台的数据溯源、行为规范、资金管理等功能实现雄安新区基础设施建设项目的业主、总包商、各级分包商之间的合同签署、工程进度、资金支付、融资服务等业务流程的管理，并通过金融服务为雄安新区建设提供服务的企业进行融资。

此外，雄安新区还推出了基于区块链技术的智慧垃圾收集器。市民可以通过下载 App，扫二维码后进行垃圾分类倾倒，该垃圾箱内置系统可以根据垃圾种类和重量给予垃圾投递者积分奖励，所有积分则可以通过未来遍布新区的服务体系兑换生活用品等。

可见，雄安新区将区块链技术已应用在多个领域，很好地推动着社会发展。

4.4　区块链＋版权保护

在互联网时代，版权保护一直是一个难题，数字作品很容易被复制、篡改和传播，在维权取证方面也会耗时耗力。区块链技术能很好地解决这些问题。目前，区块链技术在版权登记确权、版权交易、版权案件司法审判、证据链保存等方面均有应用。投身于区块链＋版权保护的公司也非常多，如蚂蚁区块链版权保护平台提供原创登记、版权监测、电子证据采集与公证、司法诉讼全流程服务；小犀智能、太一云科技等将区块链运用到版权保护的平台，提供版权确权、交易，在线存证，产品溯源等服务；"像素蜜蜂"通过区块链技术实现对原创内容创作者知识产权的维护，同时利用积分机制为内容创作者带来收益，每个被上传、分享的原创作品都会在进行哈希运算之后生成唯一的哈希码并盖上时间戳，并上传至"像素蜜蜂"区块链并锚定到以太坊公链上完成存证，实现分享即存证的快捷有效的确权方式。这个存证在将来可以作为侵权诉讼的证据之一。再例如，成立于 2016 年的西安纸贵互联网科技有限公司，致力于通过区块链重塑版权价值，打造可信任的版权数据库以及数字化版权资产交易平台，并提供侵权监测、法律维权、IP 孵化等相关服务。在音乐版权保护方面，阿里音乐于 2018 年 3 月正式宣布与独立音乐数字版权代理机构 Merlin 签署战略合作协议。阿里音乐表示将秉承"协作共赢"的互联网开放精神，研究 AI 和区块链技术，为独立音乐公司、音乐人和音乐作品的合法权益提供全方位保护，以进一步规范行业和市场，推动音乐产业健康发展。

在版权保护方面，通过区块链技术确权的方式已经立法确认。2018 年 9 月 6 日，最高人民法院审判委员会发布了《最高人民法院关于互联网法院审理案件若干问题的规定》，其中第 11 条规定："……当事人提交的电子数据，通过电子签名、可信时间戳、哈希值校验、区块链等证据收集、固定和防篡改的技术手段或者通过电子取证存证平台认证，能够证明其真实性的，互联网法院应当确认。"这一司法解释确认了区块链技术在司法应用中的合法地位。

由火币中国与华发七弦琴国家知识产权运营平台推出的基于区块链、人工智能和大数据等核心技术为依托的知识产权生态保护平台"IPTM 时间标志"就是一个很好的版权保护案例。"IPTM 时间标志"利用区块链技术，对版权、专利、商标等知识产权进行确权保护，并结合时间戳和国家授时中心定时模式，实现知识产权的历史存在证明、唯一性和法律性。"IPTM 时间标志"的原创认证流程简单易操作，用户只需要通过"IPTM 时间标志"申请注册登录，进一步实名认证即可上传作品，作品写入"IPTM 时间标志"区块链会生成区块链 ID，一分钟以内用户便可获取原创登记证书。用户也可以通过专用区块链浏览器查看 14 天的交易历史、分类账本，还可以进行知识产权确权交易操作等。"IPTM 时间标志"采用定点溯源和全网溯源相结合的方式，以"区块链＋大数据"为支撑，能够实现万张图片最快 2 小时生成检测结果，并保证 100％的识别准确率。"IPTM 时间标志"自 2019 年 4 月 26 日上线至今，已经拥有超过 6 万份版权登记，涵盖图片、文字、音频和视频等不同形态。

百度依托百度超级链构建的全新内容版权生态平台——百度图腾连接了百度、内容机构、确权机构和维权机构等节点，为确权提供了强大公信力，同时也打通了北京互联网法院等司法机构，为链上司法存证提供了技术保证。百度图腾依托于强大的百度引擎和人工智能技术，能够为原创内容实现最大程度的曝光，为原创作品实现智能推荐，精准匹配供需双方，提升原创内容的流转效率。对全网侵权行为进行快速定位和存证，为产权人后期的维权提供强大支持。

4.5　区块链＋能源

近几年，随着电子信息产业的飞速发展，能源产业价值链的生产、配送、存储、消费等环节上的各类设备已经逐步升级为电子设备和数字设备，尤其结合物联网技术，这些电子设备实现了云端智能。在未来的能源互联网时代，消费者不仅是能源的消耗者，还可以借用可再生能源发电返卖给电网。同时，通过区块链的智能合约功能，使得能源的买卖双方智能完成交易。

目前，全球范围内涌现出了许多"区块链＋能源"的应用。例如，澳大利亚的 Power Ledger 项目试图构建去中心化的能源交易平台，鼓励更多人进行可再生能源的生产，把能源输进网络，并获得公平的回报。芬兰的 Fortum 项目建立能源局域网中各主体之间的智能合约模型，使响应主体能够依照设定的算法实现自动响应系统提出补偿需求。在中国，成立于 2016 年的能源区块链实验室是最早的一家专注于用区块链技术实现能源资产数字化和推进绿色金融服务的科技企业，目前涉及的三大类应用场景包括资产证券化（ABS）、碳资产开发（CCER）和绿色消费社区（GC）。

在碳资产开发方面，区块链能够为碳排放权的认证和碳排放的计量提供一个智能化的系统平台。在碳市场中，最重要的就是各个控排企业的碳排放数据、配额和 CCER 的数量、价格及数据的真实性和透明性，中心服务器无法为数据安全提供保障，而信息的不透明也让很多机构和个人无法真正参与进来。这些问题都可以运用区块链技术来解决，通过这项技术，每吨碳和每笔交易信息都可追溯，避免篡改及信息不对称。IBM 已经宣布和中国能源区块链实验室一起打造全球第一个区块链"绿色资产管理平台"，用这个平台来支持低碳排放技术，并且促进了信息的共享化和透明化。如在社区中，用户可以通过将光伏电池产生的电能输入网络系统中，获得积分奖励。同时，在系统中其他需要用电的用户可花费积分购买电力，通过智能合约自动执行交易，其中无中间商参与。在此种模式下，区块链技术大大推动了分布式可再生能源的发展，且优化了能源分配的状况。瑞典的大型电力供应商 Vattenfall 公司已经采纳了区块链解决方案。Vattenfall 公司希望通过区块链来快速完成家用太阳能电池板的"绿色认证"，甚至进一步成为"绿色能源生产商"，为电网提供清洁能源。

区块链能够为虚拟发电资源的交易提供成本低廉、公开透明的系统平台。区块链系统由网络中所有的节点共同运行和维护，并使用特定的激励机制来保证分布式系统中所有节点均参与到信息交换过程中。

在国内，各大能源巨头也纷纷拥抱区块链技术，2019 年 9 月，中石化集团和中石油集团等 8 家公司组成财团，筹集了 1 500 万美元资金，用于搭建支持石油贸易的区块链平台。

4.6 区块链＋共享经济

区块链会带来真正的共享经济。共享经济本质是租赁经济，租赁经济的本质是资产收益。共享经济是把所有权与使用权分离，对于供给方来说，通过在特定时间内让渡物品的使用权或提供服务，来获得一定的金钱回报。对于需求方来说，不直接拥有物品的所有权，而是通过租借等方式使用物品。而区块链的智能合约和分布式账本技术可以使共享经济真正的去中心化，同时，通证模式可以使权益更加细化，消费者在使用物品或者服务时既享受使用权，也能通过劳动获得分配权，供给方既有所有权也拥有分配权。之前由于共享经济参与主体之间相互不了解，所以相互之间的信任存在问题，此时区块链的进入让交易变得公开、透明、无法篡改，从而增加了交易主体之间的信任。

国内有很多公司进入"区块链＋共享经济"的发展领域。如根源链，是较早涉足"区块链＋共享经济"生态布局的初创项目，利用智能合约对交易双方设定交易参数与交易条件，其应用的场景有汽车共享、图书共享、存储空间共享、WiFi 共享等。同时，根源链还是一个开放性的经济协作平台，利用数据追溯系统确保数据的腐败和造假不可能发生，为此建立多方信任基础。又如，"我家云"是一台可以共享存储空间、带宽、计算力的设备，其目标计划成为未来共享经济的基础设施，通过不断发掘共享资源的价值，不仅为用户提供经济、优质的数据服务，还能让用户获得额外的收益。再如，Slock 区块锁，提供软硬件产品，无须中心化机构，可以实现公寓、房子、自行车、汽车、洗衣机、剪草机等共享，通过以太坊的智能合约技术，实现租赁服务和支付的自动履行。最后如，Smartshare 致力于为共享经济提供基础协议，可以实现共享资源的价值量化和共享交易，成为一个分布式的价值交换体系。

4.7 区块链＋公益慈善

区块链技术可以使扶贫专项资金、社会捐赠等公益慈善更加透明，实现点对点对接和交易。如捐赠机构可以直接将资金划拨给指定扶助对象，无须转手多家银行和中介机构，并且每次捐赠及资金使用情况都会记录在链上的分布式账本中，公开且透明，可查询且不可篡改，也可以通过账本追溯捐款的去向。

蚂蚁金服利用区块链技术开发了一个公益平台——将支付宝上很多数额较小的捐款汇集到一个基金账号，然后保证捐款能够到达受捐人。这个过程用区块链技术做到了全程跟踪、全程透明。

深圳对口帮扶河源指挥部一直对区块链技术高度关注，并在"区块链＋精准扶贫"方面开展积极探索，建立了精准扶贫管理系统，利用区块链的共识机制、不可篡改性、可追溯性、分布式账本以及去中心化等核心技术和优势特征，有效地解决在精准扶贫工作中存在的贫困人口识别精准度不高、数据真实性不足、资金使用不透明、驻村干部不匹配、脱贫成效难衡量等突出问题，提升了精准扶贫治理效果。

区块链的共识机制有助于精准识别扶贫对象。精准扶贫的首要环节是精准识别，即识别出最贫困、最需要帮助的人加以精准帮扶。由于中央与地方贫困测算标准不一致，容易导致部分真实贫困人口或是贫困程度更高的人口没有被列为建档立卡户，难以享受扶贫政策来解决贫困。区块链中的每个节点都会从自身利益最大化的角度出发，自发而诚实地遵从协议设定好的规则，判断每笔交易的真实性并将认为是真的数据记录到区块链中，再加上节点之间相互独立且具有竞争性，所以让节点之间合谋欺骗的概率趋于零。由此，运用区块链技术的共识机制能够有效地预防和化解精准扶贫过程中扶贫程度难以划分的问题。扶贫工作者需要将所有待选的贫困户和相关的数据及时准确地录入区块链系统，这些数据不仅要包括他们的收入和支出等显性量化指标，还要结合贫困成因的其他相关因素，如存款、医疗、劳动力人口等隐私指标，从而全面深入摸清待选贫困对象的贫困程度、贫困原因、贫困类别等，建立基于区块链技术的精准扶贫大数据管理平台。因此，通过区块链技术的共识机制，采用多维动态标准识别贫困户，综合考虑贫困户的收入、支出、健康、教育以及劳动力人口等数据，进行综合比较评判选择，将真正的贫困户或者贫困程度更重的人挑选出来，真正建档立卡，让其享受扶贫政策和资源，改善贫困状况，实现脱贫。

不可篡改性有助于提升数据的真实性。在传统的中心——边缘数据管理体制中，高层级的数据管理者拥有广泛的管理权限，可以核查、篡改、销毁数据。特别是当数据核查出现问题时，往往会选择篡改数据，企图"隐瞒"或者"销毁"数据代表的信息。区块链的数据累积与区块成长是同步进行的。区块链技术的不可篡改性有利于保证数据的完整性，所有上传至区块链平台的数据都会被盖上相应的时间戳，而时间戳是上传数据的唯一身份证明。于是，这些加盖了时间戳的区块会按照相应的时间顺序连接起来形成区块链。区块链本身的组织形式是按照时间顺序将数据区块依次相连，由此组合而成的链式数据结构，并通过密码学的方式确保其不被篡改伪造。虽然理论上超过51％的全网算力就可以实现篡改数据，但所花费的代价要远高于可获得的成本。因此，借助区块链技术的不可篡改性，村干部、驻村干部以及相关扶贫部门的所有数据一经上传，经过全网广播确认后就无法更改。而哈希值和时间戳严格界定了区块之间的次序，扶贫数据变成一个时间轴数据库。任何试图篡改、消除数据的行为都会被全网实时监控而记录下来，只有全网广播获得其他主体的确认后才能修改数据。任何一方单独篡改数据的行为都会被拒绝。在精准考核中，一旦造假数据被发现及溯源，就会对造假的相关责任主体进行问责，从而有效地保证精准扶贫数据的真实性和可信度。

可追溯性有助于精准使用扶贫资金。精准扶贫资金的目的在于改善贫困地区和贫困户的生存状况，但在实际操作过程中挪用冒领、打折扣、截留的现象时有发生，使得贫困户不能领到足额的扶贫资金。区块链技术的可追溯性能有效解决扶贫资金"去哪了、谁领了"的问题，从而实现精准扶贫全周期的阶段追溯与审计，实现对金融扶贫网络参与各方的全程管理、跟踪监督、有效监管。区块链技术的可追溯性引入了时间的维度，每一个区块生成时都需要经过验证并加盖时间戳进行记录，从而就确定了写入时间，可以进行时序排序。每一个加盖了时间戳的区块连接起来，就连接成了一条区块链。由于区块链采取的是分布式储存，可以通过分布式网络中的节点进行验证和跟踪之前的所有记录。区块链的可追溯性将每一笔资金的流向都盖上时间戳进行记录，而且这样的记录仅存在理论上被更改的可能。通过区块链的可追溯性，可以有效地在技术层面上杜绝冒领、挪用扶贫资金的可能性。另外，实现扶贫资金的"溯源"，也可以对资金的流向进行实时监管。通过对每一笔扶贫资金的审批到使用进行全记录，保障扶贫资金不被截留、挪用，避免人为造假，确保贫困户领到足额的扶贫资金。

分布式账本有助于扶贫干部精准到村。帮扶单位与贫困村存在着信息不对称，一方面是选派的帮扶干部并不能契合贫困村的要求，导致选派的驻村干部业务能力强，但难以发挥优势；另一方面是贫困村的需要难以在特定的帮扶单位找到合适的选派干部，导致贫困村不能早日脱贫，也影响选派干部的自身成长。区块链可以在不同扶贫主体间建立一个点对点的分布式的数据系统，各方通过数据访问将各项扶贫资料录入系统确认交易。依靠"分布式账本"功能，首先将所有贫困村的贫困成因、特点、人才需求等相关信息录入系统；其次将所有待选的驻村干部及其相关信息，如工作经历、成长经历、业务专长等，根据贫困村的实际需求进行精准匹配；最后是通过区块链的相关算法，为贫困村和村干部挑选出合适的驻村干部，提高用人需求和选人供给的契合度，提升扶贫干部选派的精准性，进一步发挥驻村干部的优势以及内在潜力，实现驻村干部和贫困村的双赢。

去中心化有助于精准考核脱贫成效。精准扶贫具有明显的目标导向，即通过对扶贫目标的实现程度进行奖惩考核来推动基层精准扶贫工作。目前，精准考核主要是由上级领导实地参观、走访、听取汇报、调取相关数据等方式来考核衡量脱贫成效，是一种典型的自上而下的考核方式。这也使得基层政府更看重上级的考核工作，而非实践意义的扶贫工作，把更多的精力放在准备材料、核对数据、文本汇报等方面，实现基层政府的自保。区块链运用纯数学的方法构建分布式节点间的信任关系，成为一种人与人之间在不需要沟通的情况下进行大规模交易、确认、协助的方式。区块链网络体系中没有核心的权威管理机构，也不需要任何一方提供信用背书，每个主体都在法律意义上具有权利和义务的平等。区块链运用于精准考核，除了传统的自上而下的考核方式，还把社会意见纳入考核体系，更加重视贫困户的切身感受和基层的真实声音，让人民群众为扶贫干部、村干部和扶贫工作"打分"，从而形成多元主体、多元渠道、多维指标的考核体系，改变传统的单主体的考核模式。因此，去中心化的特性要求帮扶主体除了"往上看"来满足上级要求和考核外，更要"向下看"来尊重群众的意愿和偏好，真心实意地投入扶贫工作。

贵阳市白云区红云社区是贵阳"大数据＋大民生"工程重点示范社区，开发上线了"区块链＋精准扶贫"项目——区块链助困系统，包括基础区块链平台、身份基本信息存证模块、相关人员服务信息管理模块、资金使用情况管理模块和数据展示模块。身份基本信息存证模块负责收集整理辖区困难群众、残障人员信息数据上链，让真实身份信息得以安全存储，残疾人、困难群众每次享受服务及救助时都通过身份唯一识别，避免身份伪造和盗用。同时，对接民生扶贫资金发放系统为每个贫困户提供一个账户，实现扶助资金点对点发放、流转公正透明、可追溯、可监测以及实时结算。

4.8 区块链＋医疗健康

全球医疗行业正在经历数字化的大变革，大部分国家都制定了以"数字健康"为目标的政策和战略。区块链作为新兴的计算机技术，也逐渐渗透到医疗行业的发展和应用中，借助其分布式、去中心化、信息安全保密和可追溯性等特征，能打破传统医疗存在的诸多弊端。例如，过去是中心化组织模式，信息不对称、透明度低、网络内交易诚信要中央维护，所以安全性上存在疏忽与漏洞的可能，而区块链的出现恰好能弥补之前的不足，完善传统模式的漏洞等问题，这也是区块链最具吸引力的地方。

医疗健康行业主要包括医疗服务、健康管理、医疗保险和其他相关服务，涉及的产业面广、产业链长，包括制药试剂、医疗器械、医疗信息化、保健用品、保健食品和健身用品等。接下来主要从医疗服务、药品防伪、医疗保险等贴近民生的医疗健康产业环节进行详细阐述，区块链的应用主要涉及患者 ID 认证、电子病例、临床研发、药物溯源、医疗保险理赔等方面。

4.8.1　医疗服务

在医疗服务过程中，患者的个人信息以及遗传基因等是用户的个人隐私，属于非常敏感的数据，2017 年，我国出台了《中华人民共和国网络安全法》，该法强调运营机构应当将用户数据安全地保存在自己手中，防止数据泄漏。所以医疗机构不能将医疗信息对外公开，同时也造成了医疗信息的不通畅，形成了"数据孤岛"。而区块链可以通过可信的计算机密码技术，让多方达成共识，形成互相可信的共享平台。使用区块链可以构建电子病例数据库，将患者的个人信息、健康状况、家族病史、用药历史、个人病史等信息记录在区块链上，患者拥有私钥，只有患者可以打开查询相关信息，患者可以授权给医生和护理人员在一定权限内查阅患者等数据信息，掌握患者的健康状况，并对症下药。利用这种信息共享的方式，患者可能不需要在不同家医院做重复的检查，可以为患者节省时间和金钱。同时，医生的诊断和开药等操作记录的数据信息都在链上可以查询，避免医生胡乱开药的可能，因为数据可查询并无法篡改，医生会对这些严谨的可信数据环境产生敬畏，从而规范医疗诊断环境，减少医患纠纷的发生。

例如，2017 年 8 月 17 日，阿里健康宣布与常州市开展"区块链＋医联体"试点项目的合作，将区块链应用于常州市医联体底层技术架构体系中，预期解决长期困扰医疗机构的"信息孤岛"和数据隐私安全的问题。该方案目前已经在常州武进医院和郑陆镇卫生院实施落地，并将逐步推进到常州天宁区医联体内所有三甲医院和基层医院，逐渐部署成完善的医疗信息网络。阿里健康在该区块链项目中设置了多道数据的安全屏障。首先，区块链内的数据均经加密处理，即便数据泄露或者盗取也无法解密。其次，约定了常州医联体内上下级医院和政府管理部门的访问和操作权限。最后，审计单位利用区块链防篡改、可追溯的技术特性，可以全方位了解医疗敏感数据的流转情况。引入阿里健康的区块链技术后，医联体内实现了医疗数据互联互通，提高了医生和患者的体验，同时也保证了分级诊疗、双向转诊的落实。通过区块链网络，社区与医院之间实现了居民健康数据的流转和授权，医联体内各级医院医生可以在被授权的情况下取得患者的医疗信息，了解患者的过往病史及相关信息，患者无须做重复性的检查，以减少为此付出的金钱和时间。2019年，阿里健康与支付宝联合武汉市中心医院打造"未来医院"，结合区块链技术提供实名认证、医保支付、物流配送等服务。

2017年11月份，台北医科大学附属医院和 Digital Treasury Corporation (DTCO) 共同推出了医疗健康区块链操作系统 phrOS。phrOS 是世界上第一个医院范围内的区块链集成项目，主要实现医疗数据的流通、患者智能 ID 及签名和自动化保险等功能，目前项目已经进入应用阶段。

由医疗健康技术公司 Change Healthcare 在 2018 年初推出的企业级区块链解决方案中，将医疗健康产业链上的各个利益相关者，如医院、医生、公司、政府以及其他提供商等之间的临床、支付等数据形成共享。医疗链条上的相关机构还可以跟踪索赔过程中的索赔提交和款项收支的状态，以提高整个索赔链条的透明性、可审计性、可追溯性和可信度，以便更好地进行收入周期管理。

4.8.2 药品防伪

药品的真假对于普通老百姓很难识别，但根据世界卫生组织对中低收入国家的调查数据显示，这些国家市面上销售的药物每 10 种中就有 1 种假药或劣药。假药对于老百姓的危害非常大，轻则无治疗效果，重则损伤性命。由于缺乏适当的追溯机制，药物供应链中从制造、流通、储藏到销售等环节存在不规范的情况，如医药销售网点不具备经营资格，药物或疫苗储藏标准不达标，导致了假药、劣药的出现。

由于区块链具有可溯源的特点，把药物的供应链数据上传至区块链，对市面上的药品进行追踪溯源，从药品原材料的获取到生产制作、储藏和流通销售等环节，进行适当的监控和追踪，保证药品的质量安全和真实性，打击假药劣药市场。

例如，以前发生的疫苗安全事件，引起了社会的恐慌，京东数科推出的"至臻链"提供智慧疫苗管理解决方案，其与海信生物医药合作，通过区块链结合物联网技术，对疫苗的全流通过程进行追溯监督，保证疫苗的品质与安全，让接种人员更加安全和放心。2019 年初，京东数科与银川互联网医院达成深度合作，落地区块链疫苗追溯解决方案。截至 2020 年初，已经帮助接种站实现全部二类疫苗共 14 种、总量达 1 089 支的智能化管理，为 517 名居民完成 827 次的安全接种，疫苗接种正确率 100%。

再例如，美国基因泰克和辉瑞等制药公司联合推出的 MediLedger 平台就是一个利用区块链进行药物追踪的项目，该项目于 2017 年 9 月上线。MediLedger 平台符合《药品供应链安全法案》（DSCSA）的相关要求。自 2019 年 11 月 27 日起，美国制药业将须服从药品供应链安全法的新规定，该法规的一个重点是，所有退还给分销商的处方药在转售前必须先与制造商确认处方药产品的唯一性。MediLedger 项目通过区块链网络以满足 DSCSA 的要求。制药商、批发商和医院等药品供应链上的节点都能够在区块链上记录药品运送数据，药店和医院可以从自动及时的配送效率中受益，而无须手动处理的过程，制药商也能够安全地响应药品的验证请求。在药品运送过程的每个步骤，区块链网络都能证明药品的原产地和真实性，使得药品盗窃和以假换真变得异常困难。同时，也只有被授权的公司才能够将产品收录进产品目录中。

4.8.3 医疗保险

传统医疗保险的核心痛点在于：保险公司需要根据用户过往病历、病史等数据进行评估，以确定用户是否符合投保要求或者理赔条件，但是用户医疗健康数据分散在各个医院、保健机构、保险公司、医保机构等不同系统中，共享和协调用户的敏感医疗健康数据变得困难重重。过去保险公司为获取用户数据要么与医院系统对接，要么人工查询用户提供的相关数据，要么向第三方机构购买用户数据，难以确保数据的完整性和真实性。而且数据的不真实会导致保险欺诈案件频发，损害投保公司的利益，同时数据的失真也会导致保险公司无法多维度和细颗粒度地服务保单，造成保险理赔不公平的现象发生，损害投保人的利益。

美国国家卫生信息技术协调办公室在发表的《区块链技术白皮书》中提到，"区块链能解决电子健康记录和资源的隐私、安全和拓展性问题。"区块链技术可在保证用户（病人）隐私不被侵犯的前提下，为医疗保健机构、保险公司提供广覆盖、可同步、可查询的医疗健康数据库。用户按照权限掌控自己的医疗健康数据，通过私钥授权保险公司查阅自己的医疗健康账本，投保人、承保人以此为依据完成投保、核保和理赔。

阳光保险公司上线了基于区块链技术的女性特定疾病保险产品，鼓励投保人将个人健康数据登记在区块链上，形成实时更新的健康介绍信（分布式账本）授权给阳光保险公司使用，并获得保费优惠激励。在数据交互后台，系统以健康评分形式提供投保人数据给阳光保险公司参考，使得阳光保险公司掌握投保人数据更全面，实现差异化服务。同时，阳光保险公司并没有获得投保人原始数据，也较好地保护了投保人的隐私。

2018年10月，由轻松筹、中再产险与华泰保险三方共同发布的区块链保险产品——鸿福e生尊享版百万医疗保险，通过区块链打通前端渠道、中端承保理赔和后端再保等多个环节，重构了保险生态，提升了互联网保险的透明性和效率。区块链促使数据在各个环节之间的流通，提高了保险公司与再保险公司调整每年续保费率的灵活性以及风险管理能力为保险公司降本提效。

由腾讯云与爱心人寿共同为医疗机构、保险公司、卫生信息平台等机构组织构建了区块链联盟，用区块链驱动"智能＋保险"场景的落地。一方面打通医疗机构、保险公司、投保人及监管等各个环节的信息共享和流通，为理赔流程增效，完善了风险及成本的控制。另一方面，通过智能合约实现自动化理赔，降低管理成本。

蓝石科技利用区块链技术，将保险产品信息及投保过程、流通过程、营销过程、理赔过程的信息进行整合并写入区块链，实现了全流程追溯、数据在交易各方之间公开透明。截至 2017 年 12 月，付费用户已超 80 万个，单月保费规模超过 1 000 万元。与多个区域的多个机构建立了业务合作，仅辽宁一省，就与 40 余家医院、200 多家教育机构和近千家养老机构确定了合作关系。

4.9　区块链＋文化娱乐

区块链技术在文化、娱乐、游戏、影视、媒体、内容、知识产权等方面的应用，将给文创与数字经济发展带来无限空间。区块链＋文化娱乐产业将在商业模式、业务流程、组织形态、生态体系等方面引发全新的变革。

区块链技术可以将文化产业链条中的各环节加以整合、加速流通，将有效缩短价值创造周期。通过区块链技术，对作品进行鉴权，证明文字、视频、音频等作品的存在，保证权属的真实性、唯一性和一致性，保护知识产权。作品在区块链上被确权，后续交易会进行实时记录，并且通过智能合约技术实时地进行文化传播过程的结算，实现文化产业全生命周期管理。

利用区块链打造文化 IP，制作方可基于区块链特性和虚拟市场规则，使用户能够参与文化 IP 创作、生产、投资、传播和消费的全流程。同时，利用区块链添加信任的确权节点，进行 IP 及其相关权利的交易以及权益分配等功能，可解决交易不透明、内容不公开等问题，还可以通过区块链实现跨地域建立人与人之间的信任关系。

在用区块链技术所搭建的营销平台上，文化工作者可以在线自助选择营销公司、方案和受众群体。一旦确定后，他们能看到每一笔营销成本的支出情况和具体使用方向。另外，真实的在线数据反馈也能让他们随时了解营销方案的运营效果，并据此调整方案，实现营销整体的优化。

2018 年 9 月，国家信息中心信息化和产业发展部联合深圳文交所共同设立了"文化艺术品版权区块链应用基地"，而大数据系统国家工程实验室则联合深圳文交所共同设立了"大数据国家工程实验室深圳文交所区块链应用中心"。通过提供应用场景及文化艺术品版权的锚定资产、实物，加快推进区块链、大数据、人工智能等技术研发应用和推广，打造包含文化及艺术品版权的溯源上链智能合约、确权流转交易平台。

2018 年初，在国家政策的大力扶持下，"区块链＋非物质文化遗产（非遗）"的平台"绝艺"诞生，"绝艺"是一家服务于全球非遗爱好者和收藏者的中国非遗代表性传承人艺术品交易平台，通过推动非遗与互联网、区块链技术的结合，以溯源解决交易过程中的造假问题，通过价值发现使传统手艺得到市场化释放。

全球最大音乐流媒体平台 Spotify 于 2017 年收购了区块链初创公司 Mediachain。该公司通过提供开放源代码对等数据库和协议的方式，让创作者将自己的身份与其作品关联起来，进而能够确保所有歌曲都能追踪到创作者和版权所有人信息，并由 Spotify 使用合理的途径支付版权费用，同时也能缓解流媒体平台与版权所有人之间的矛盾。

文娱方面的案例也有很多，国外有泛娱乐区块链项目"好莱坞链"，国内较为典型的类似项目包括"影链"（Influence Chain）、"粉丝时代"Fanstime、"星节点"（Node All-Star）等。国内的游戏公司中，智慧星球 MIP 提供基于区块链的数字版权服务平台，魔橙网络是提供区块链游戏化方案的服务商，壕鑫互联和触游网络是以区块链技术开发的游戏公司，权能宝是一家区块链 IP 服务提供商。

4.10 区块链＋防伪溯源

在农业、食品、药品等行业的防伪溯源，老百姓和监管部门是有很多需求的。基于这些需求，前两年各地区安装了很多的防伪溯源的系统，但是系统仍然存在人为更改数据的问题。区块链的出现，使得防伪溯源更加彻底。

区块链可以通过技术手段和商业规则双轮驱动构建从源头到餐桌的食品安全监测、追溯机制，形成农户、流通商、加工企业、消费者等利益相关者的共赢机制。例如，众安科技公司推出了区块链鸡项目，全程记录从入栏、养殖、屠宰、运输到用户餐桌全过程的信息。利用区块链不可篡改、防伪溯源等特点，保障这些数据一经录入便不可修改。项目团队为每只鸡佩戴物联网身份证——鸡牌，一鸡一牌，拆卸即销毁。鸡牌被用于自动收集鸡的位置、运动数据、身体状态等信息，并将信息实时上传到区块链，消费者和监管部门据此进行产品溯源，保险公司也据此为"区块链鸡"提供农业保险、健康险和信息服务保险等精准服务。针对记账方篡改数据问题，众安科技防伪溯源联盟链一是利用物联网设备（如鸡牌）上传数据，减少人工参与。二是将收购商作为记账方，收购商扫描鸡牌上二维码进入区块链浏览器查验，只对数据合格者收购，并将查验数据记账，形成与养殖户利益相制约机制。三是对各方数据交叉验证，一旦发现造假，联盟链核心企业及链上利益相关方即终止与之合作。

目前，蚂蚁金服已经开发了农产品（食品）溯源、跨境商品溯源、农资农药溯源、化妆品溯源、艺术工艺品溯源、二手商品溯源等应用场景。例如，茅台酒的假酒很多，给消费者带来不少困扰，蚂蚁金服与茅台酒合作提供了茅台酒的防伪溯源系统。另外，还有奶粉、美妆、保健品、大米和蜂蜜等防伪的应用。蚂蚁区块链溯源服务利用区块链和物联网技术追踪记录有形商品或无形信息的流转链条，把商品的品质信息、物流信息、质检信息等关于商品特征的数据经过"一物一码"的标识全程登记在区块链上，解决了数据可篡改、信息孤岛、信息流转不畅和信息缺乏透明度等行业问题。

2018年，菜鸟和天猫国际宣布启用区块链技术用于跟踪、查证跨境进口商品的物流全信息，这些数据包括了商品的原产国、启运国、装货港、运输方式、进口口岸、保税仓检验检疫单号、海关申报单号等。

作为国内电商巨头之一的京东也不甘示弱。2017年，京东宣布成立"京东品质溯源防伪联盟"，联合各级政府部门通过联盟链的方式搭建京东区块链防伪追溯平台。"智臻链"是由京东自主研发的区块链服务平台，协助部署商品防伪追溯主节点，形成基于"智臻链"的商品防伪追溯主链。目前，京东已在食品、跨境商品、二手商品、钟表、奢侈品、珠宝、医药用品等建立了相应的防伪追溯平台。截至2019年12月底，京东区块链防伪追溯平台已有超13亿条上链数据、700余家合作品牌商、5万以上SKU入驻和逾280万次售后用户访问查询。

婴儿奶粉的安全和质量问题一直堪忧，如果通过区块链能保证奶粉的奶源生产、加工、运输等环节溯源，将会给宝妈宝爸们增加信任程度。贝因美公司正在与国内著名区块链技术公司联合探索行业应用，打造母婴行业供应链、新零售的区块链革命，这将大大提高供应链运营效率、实现真正精准溯源，极大提升消费者体验。

近几年，猪肉的安全问题也引起了社会的关注，对于猪肉质量也存在信任方面的危机，沃尔玛基于IBM区块链平台构建食品安全解决方案，通过食品追踪的可追溯性，从而提升中国食品供应链的透明度，保障食品安全。该项目旨在追踪中国门店销售的猪肉，可及时将猪肉的农场来源、批号、工厂和加工数据、保质期、存储温度以及运输等产品信息都记载在区块链数据库上。通过该项目的实施，沃尔玛可随时查看其经销猪肉的原产地和每一笔中间交易的过程，确保商品是经过验证的。

近年在农业方面实现落地的"中粮链橙"，该应用是中粮集团运用区块链技术的特性赋"信"于农作物。区块链在防伪溯源方面给企业带来了巨大的经济效益，助力赣南脐橙品牌相关企业的发展。中国保利集团旗下的中国食品工业公司，与中华思源工程扶贫基金会、多家优质食品企业、多家食品信息追溯公司共同建立了中国食品链，该链由多中心化的地方监管机构共同维护，在一定程度上带动了链条上相关食品企业的发展。

云南的普洱茶叶享誉全国，但是假货也是乱象丛生，需要通过溯源，让消费者可以辨识真货，从而提升品牌影响力。2019 年 11 月 13 日，云南省区块链普洱茶追溯平台正式发布。由云南省商务厅牵头，联合云南省数字经济局、市场监管局、农业农村厅、科技厅等相关部门共同建立云南省重要产品追溯体系协同机制，并实现与国家重要产品追溯体系数据的对接。云南省区块链普洱茶追溯平台以实现每一饼茶叶"来源可溯、去向可追、质量可查、责任可究"的追溯目标，以此重塑普洱茶品牌形象，让企业尝到甜头，让消费者购物更加放心。2020 年 6 月 2 日，凤凰窝古树茶集成了纹路成像识别技术、银行票据特种印刷防伪技术、NFC 加密芯片等"三重防伪"技术。消费者扫描产品上的区块链追溯二维码，即可登录查看和了解原料基地、生产过程、仓储、质量检测、产品销售、金融支持等六大功能板块。

4.11　区块链＋其他

4.11.1　北京市空港国际物流区块链平台

该案例是区块链技术应用在空港国际物流业务中，使得参与通关物流的各企业单位数据共享、流程协同并且数据可信，提高了外贸通关的效率。

在空港国际物流的传统模式中，参与通关的贸易企业、物流企业、代理企业、园区运营单位和监管单位众多，流程复杂，国际贸易物流与通关数据具有商业机密性，参与方不愿意公开分享，从而导致了数据壁垒。数据难以整合使得多部门协同难度大，耗时长。同时，数据错误、责任定位等安全性问题无法得到很好解决，难以打消参与方对于数据安全与所有权归属的顾虑。

该案例的参与方有北京市商务局、海关、税务局、首都机场和大兴机场空港园区、货站等六个单位，这些单位的数据上链共享，如单证信息、贸易信息、物流信息、通关信息、税务信息等，通过区块链存证、验证与协同共享，让跨境贸易更加安全、可信、便捷。

自 2020 年 3 月上线，上链各类通关物流数据共计 300 余万条，121 家企业先后使用了区块链系统查询验证各项功能共计 7784 次。北京市通过空港国际物流区块链平台的上线运行，改变了企业物流通关数据需要通过多个平台分别获取的现状，实现通过一个窗口跟踪物流通关各节点状态信息；同时让主管部门可以通过区块链一站式在线获取企业和海关共享的可信数据，提高了营商环境评价指标的时效性，简化了管理监管流程，让业务运行可管可控，降低了决策成本，提高了口岸竞争力。

4.11.2 浙江省市场监管区块链电子取证平台

该案例是基于区块链技术在市场监管电子证据取证方面的应用，其为浙江市场监管系统执法提供了高效的取证固证服务，为网络空间的数字化治理提供了技术保障。

2019 年 11 月，浙江省市场监管局率先启动了全国首个市场监管区块链项目，并为大数据网络监测平台提供技术支撑。2020 年 7 月 31 日，浙江省市场监管局"市监保"市监区块联盟链固证平台（以下简称"固证平台"）正式上线。

以往浙江省市场监管中存在执法的事前存证、事中取证和事后认证的困难，并且效率低下。

固证平台以联盟链的模式构建，支持包括药品溯源、知识产权保护、交易监测、电子证照、合同行为等多种上层区块链应用，由针对网络交易监测系统线索有效性认定的"探针固证系统"和针对日常监管执法取证的"在线取证系统"两部分构成。"探针固证系统"通过在监测平台的关键节点植入区块链探针系统和抽样代码，实时跟踪运行状态，定期向监测平台投入特定的试验线索，抽样检查探针运行状态和监测结果的准确性，同步登记，以确保每条线索数据都具备可被验证和鉴定的有效性证明。"在线取证系统"采用"互联网＋区块链＋电子数据司法鉴定机构"模式，搭建面向市场监管执法的在线固证平台，由"网页取证、录屏取证、移动端取证"等三个具体取证功能构成，可在线生成固证执法文书和可供当事人校验的电子保全证书，覆盖了线上线下各场景固证需求。固证平台试运行期间，已为省内系统用户提供在线固证服务近万次。

4.11.3　上海市利用区块链建设可溯源的建筑诚信体系

该案例是区块链技术应用在建筑诚信体系方面的应用，实现在工程建设过程中各参与方交易信息全程留痕，可溯源追责，使得工程管理高效透明。

传统的建筑行业从建筑项目的前期策划、立项审批、招投标，到建筑设计、工程建设、运维更新；从政府监管、主体运行到相关产品及服务采购，这些构成了多节点交叉运行的复杂网络结构，它们既有种类繁杂的数据需要相互关联，也有海量的信息更新需要相互协调。而区块链系统所产生的信任价值是由参与系统的各节点共同决定的，所有交易信息都不可篡改、全程留痕。该区块链平台是"树图区块链"，"树图区块链"是我国具有自主知识产权，由上海树图区块链研究院龙凡教授与图灵奖获得者、中国科学院院士姚期智等人合作发明的。这种底层系统突破了区块链的传统链式结构，在一个"有向无环图"中镶嵌了树形结构，故名"树图"。这种"树图"的结构，更加适应于建立建筑的可溯源诚信体系。"树图区块链"能同时保证高性能与开放性。在真实测试环境中，这种公有链每秒能处理 3000 次以上交易，每次交易在 30 秒内完成，其性能明显优于比特币和以太坊。"树图区块链"技术将使建筑项目管理更加高效、透明，让每一个业内企业和个人各司其职、溯源追责，从而为广大居民提供更加优质的产品和服务。

第 5 章
中国区块链的发展态势

5.1 关于区块链的重要讲话精神

2019 年 10 月 24 日下午，中共中央政治局就区块链技术发展现状和趋势进行集体学习，习近平总书记发表重要讲话。关于如何把握好区块链技术的未来发展趋势，习近平总书记从六个方面指明了方向。

——要强化基础研究，提升原始创新能力，努力让我国在区块链这个新兴领域走在理论最前沿、占据创新制高点、取得产业新优势。

——要推动协同攻关，加快推进核心技术突破，为区块链应用发展提供安全可控的技术支撑。

——要加强区块链标准化研究，提升国际话语权和规则制定权。

——要加快产业发展，发挥好市场优势，进一步打通创新链、应用链、价值链。

——要构建区块链产业生态，加快区块链和人工智能、大数据、物联网等前沿信息技术的深度融合，推动集成创新和融合应用。

——要加强人才队伍建设，建立完善人才培养体系，打造多种形式的高层次人才培养平台，培育一批领军人物和高水平创新团队。

六方面内容覆盖了区块链技术发展的各个重点，每一项要求都体现着以习近平同志为核心的党中央对发展新技术、把握新趋势的深刻认识，对于相关产业的发展具有非常明确的信号意义。

习近平总书记的讲话高瞻远瞩，意义深远，除了指明路线和方向，总书记还针对一些实施细节做出了周密的部署和安排。

——要抓住区块链技术融合、功能拓展、产业细分的契机，发挥区块链在促进数据共享、优化业务流程、降低运营成本、提升协同效率、建设可信体系等方面的作用。

——要推动区块链和实体经济深度融合，解决中小企业贷款融资难、银行风控难、部门监管难等问题。

——要利用区块链技术探索数字经济模式创新，为打造便捷高效、公平竞争、稳定透明的营商环境提供动力，为推进供给侧结构性改革、实现各行业供需有效对接提供服务，为加快新旧动能接续转换、推动经济高质量发展提供支撑。

——要探索"区块链＋"在民生领域的运用，积极推动区块链技术在教育、就业、养老、精准脱贫、医疗健康、商品防伪、食品安全、公益、社会救助等领域的应用，为人民群众提供更加智能、更加便捷、更加优质的公共服务。

——要推动区块链底层技术服务和新型智慧城市建设相结合，探索在信息基础设施、智慧交通、能源电力等领域的推广应用，提升城市管理的智能化、精准化水平。

——要利用区块链技术促进城市间在信息、资金、人才、征信等方面更大规模的互联互通，保障生产要素在区域内有序高效流动。

——要探索利用区块链数据共享模式，实现政务数据跨部门、跨区域共同维护和利用，促进业务协同办理，深化"最多跑一次"改革，为人民群众带来更好的政务服务体验。

总书记在主持学习时强调，区块链技术的集成应用在新的技术革新和产业变革中起着重要作用。我们要把区块链作为核心技术自主创新的重要突破口，明确主攻方向，加大投入力度，着力攻克一批关键核心技术，加快推动区块链技术和产业创新发展。

5.2 如何正确理解讲话精神

习近平总书记的重要讲话对区块链技术的发展作出了深刻阐释，并对区块链技术的应用和管理作出重要部署。我们应该如何深刻理解并且全面把握讲话精神？我们应该具备哪些知识储备？我们应该如何更好地开展区块链相关的工作呢？

1. 发展区块链具有战略意义

习近平总书记在讲话中指出，区块链技术应用已延伸到数字金融、物联网、智能制造、供应链管理、数字资产交易等多个领域。目前，全球主要国家都在加快布局区块链技术发展。我国在区块链领域拥有良好基础，要加快推动区块链技术和产业创新发展，积极推进区块链和经济社会融合发展。

区块链作为一种新兴的技术并不是孤立的，就像云计算、大数据、人工智能等都是作为基础设施或辅助工具融入各行各业发挥作用和造福社会的。

区块链已经延伸到数字金融、物联网、智能制造、供应链管理、数字资产交易等多个领域，而且未来可能进入更多领域。所以我们应该加快布局区块链技术，敞开怀抱迎接新趋势，而不是固步自封，也不是敌对排斥。

区块链领域的国际竞争非常激烈。国家层面如美国、德国、日本、新加坡、加拿大等国家都在积极布局。行业层面如 IBM 是全世界最早布局企业级区块链的科技巨头，业务发展到今天，已经涵盖底层技术、食品安全、医疗、全球贸易供应链、金融行业、跨境支付、广告出版、保险行业、物联网等多个场景。Oracle、Amazon 和 Microsoft 等也都在积极布局。

我国在信息科技领域已经拥有非常好的基础，电子商务、移动互联网、云计算等浪潮到来的时候，政府抓住了契机，培育引导发展，才有了今天中国成为信息化大国和强国的成就。在中共中央的英明领导下，我们必定也能抓住区块链的新机会，推动区块链技术的研究和应用，推进产业创新发展，将我国建设成为区块链强国。

2. 基础研究和前沿创新是关键

习近平总书记强调，要强化基础研究，提升原始创新能力，努力让我国在区块链这个新兴领域走在理论最前沿、占据创新制高点、取得产业新优势。要推动协同攻关，加快推进核心技术突破，为区块链应用发展提供安全可控的技术支撑。要加强区块链标准化研究，提升国际话语权和规则制定权。

在科学技术面前，每个人都应该心怀敬畏，每个从业者都应该努力钻研，严谨认真，杜绝"假大空"，杜绝"滥竽充数"。在新技术面前，讲究的是真才实学，需要有基础研究扎实的根基，掌握核心技术才有更大的话语权，制定国际公认的行业标准和规则应该成为每个投身区块链企业追求的最高目标。加强加深对前沿理论的研究，通过创新抢占至高点，这是具备科学精神的体现，科学精神是科学的灵魂，以求实和创新为核心诉求，是现实可能性和主观能动性的结合。习近平总书记曾经指出新时代推动我国科技创新、建设科技强国，就必须大力倡导和弘扬科学精神。

3. 促进区块链在公共服务方面的应用

要推动区块链和实体经济深度融合，解决中小企业贷款融资难、银行风控难、部门监管难等问题。要探索"区块链＋"在民生领域的运用，积极推动区块链技术在教育、就业、养老、精准脱贫、医疗健康、商品防伪、食品安全、公益、社会救助等领域的应用，为人民群众提供更加智能、更加便捷、更加优质的公共服务。

以金融为例受限于技术手段，传统金融交易结算时间较长，中介服务成本高，人为错漏易发生，信用只能依赖交易记录累计产生。互联网、大数据、人工智能等科技的实施助力金融大步向前，区块链则能更大程度赋能金融。供应链金融是最常见的区块链金融应用场景，基于真实贸易背景，采用信息化系统，利用区块链技术，配合电子签名技术，将非标准化"应收账款"的凭证数字化。区块链技术可以实现数字化凭证的多层穿透，穿透核心企业信用至二、三级企业，会大大提高链属企业融资成功率，降低融资成本，增强业务粘性，形成产业链各个环节的良性运营。

习近平总书记指出，增进民生福祉是发展的根本目的，让老百姓过上好日子是我们一切工作的出发点和落脚点。中央作出的一系列具体部署，如数字经济、城市建设、公共服务等很多内容都与百姓生活和产业发展息息相关。

用科学技术造富人民是我国政府不断追求的目标。区块链技术具有透明公开、防止数据被篡改、可靠度高的特点，其智能合约技术可以实现自动化运行减少人为干预，对于杜绝腐败，减少中间环节，精准追溯资金流有非常大的优势。区块链被用于教育、就业、养老、精准脱贫、医疗健康、商品防伪、食品安全、公益、社会救助等领域，若使用得当将为人民群众提供更加智能、更加便捷、更加优质的公共服务。

4. 促进区块链在基础设施方面的应用

要推动区块链底层技术服务和新型智慧城市建设相结合，探索在信息基础设施、智慧交通、能源电力等领域的推广应用，提升城市管理的智能化、精准化水平。要利用区块链技术促进城市间在信息、资金、人才、征信等方面更大规模的互联互通，保障生产要素在区域内有序高效流动。要探索利用区块链数据共享模式，实现政务数据跨部门、跨区域共同维护和利用，促进业务协同办理，深化"最多跑一次"改革，为人民群众带来更好的政务服务体验。

总书记所讲的智慧交通、信息基础设施和电子政务方面的应用正在被贯彻和实施。国家电网成立了区块链公司专门开展技术研究、产品开发、公共服务平台建设运营等业务，已经打造了基于区块链的电子合同、电力结算、供应链金融、电费金融、大数据征信等产品，在优质服务、安全生产、企业运营、电力金融和能源交易等领域正在逐步拓展应用。

雄安新区是我国布局区块链最活跃的城市之一，以"数字雄安""智慧雄安"为愿景的未来城市现已初现雏形。"千年秀林"项目使用区块链、大数据等技术搭建了一个可对树木生命周期进行追溯和管控的智能渠道。雄安新区部署实施了国内首个区块链租房系统，该项目由政府主导，挂牌房源信息、房东房客的身份信息和房屋租赁合同信息，得到多方验证，能有效杜绝假房源问题。自 2017 年以来，雄安新区围绕政务领域推出和落地了九项区块链应用，其中三项用到了区块链的激励机制。雄安新区管委会正式运转"雄安征拆迁安顿资金办理区块链渠道"，完成征拆迁原始档案和资金穿透式拨付的全流程链上办理。未来还将采用基于区块链技术的个人积分系统，用于对市民的优良表现进行奖励，如在垃圾分类和回收上，帮其获得积分奖励。未来，市民可以在覆盖整个雄安新区的服务体系中把这些积分兑换成生活应用之物作为回报。

5. 要建立有效的安全保障体系

习近平总书记强调，要加强对区块链技术的引导和规范，加强对区块链安全风险的研究和分析，密切跟踪发展动态，积极探索发展规律。要探索建立适应区块链技术机制的安全保障体系，引导和推动区块链开发者、平台运营者加强行业自律、落实安全责任。要把依法治网落实到区块链管理中，推动区块链安全有序发展。

中国政府不仅可以将互联网发展好，而且还可以治理好，创造性地解决了世界性的难题。互联网不是法外之地，区块链当然也不能成为法外之地。习近平总书记的讲话提出了既要用好区块链，也要管好区块链的要求，这是各级领导干部、专家学者都应该认真思考和研讨的问题。目前，区块链存在诸多风险，如非法分子利用区块链之名进行传销、吸收公众存款等犯罪活动，如比特币为跨国犯罪、非法交易提供极大便利，再如完全开放的公链可能存储或传播违法违规的信息。类似这样的危害还有很多。区块链可能会被反动势力或恐怖组织利用，对国家政治安全、意识形态安全、主权安全、金融安全等带来巨大冲击和挑战。

目前来看，最合适的区块链治理方式要同时使用技术、法律、行政等多种手段，实现技术治理和人为治理的两手抓。一方面，管理者必须掌握全面且尖端的区块链技术，要认识到技术的边界，看清楚哪些是技术做不到的。另一方面，引导、教育、法律、法规都必须逐步建立并且大力完善，开发者、平台运营者加强行业自律、落实安全责任，要把依法治网落实到区块链管理中，推动区块链安全有序发展。区块链的治理会一直伴随着区块链技术的发展，这将是一个长期持久的事业，唯有坚定信仰、坚持不懈、矢志不渝、勇于担当才能做好这项工作。

总书记的讲话寓意深远，内涵丰富，限于篇幅本节只能针对如何理解习近平总书记的重要讲话做出一些思考和探讨，仅穿插介绍一些区块链应用落地的案例，关于区块链的发展态势后面将继续展开。

5.3　区块链思维的经典案例——中国央行数字货币

DCEP（Digital Currency Electronic Payment）是中国人民银行计划发行的法定数字货币，是数字货币的一种。

说起中央银行数字货币必须从 Libra 说起。2019 年 6 月，Facebook 发布《Libra 白皮书》，在全世界掀起轩然大波，各国都在讨论 Libra 对于自身主权货币的影响。Libra 将美元、欧元、英镑、日元、新加坡元等纳入一篮子货币进行资产配置，进一步增强其货币地位，形成全球范围内超主权货币，对各国政府构成威胁。我国央行数字货币的适时推出，是为了捍卫在 Libra 冲击下国家货币的主权地位。

相较于其他国家，我国央行数字货币早在 2014 年就开始了相关的研究工作，在研发推出进程中处于世界前列。2019 年 8 月，中国人民银行支付结算司副司长穆长春在第三届中国金融四十人论坛上表示，"央行数字货币或将呼之欲出"。2020 年 10 月，数字人民币在深圳试点发行。

5.3.1　央行数字货币的发展历程

时　间	事　件
2014 年 1 月	央行成立发行法定数字货币专门研究小组，探讨发行法定数字货币的可行性
2015 年 3 月	央行发布数字货币系列研究报告并深入展开对数字货币发行和业务运行框架、关键技术、流通环境等问题的研究
2016 年 1 月	央行首次就法定数字货币公开发声——在京召开数字货币研讨会、探索央行发行数字货币的战略意义及目标

时　间	事　件
2016 年 7～9 月	央行启动数字票据交易平台原型研发工作并发表阶段性研究成果，随后进行数字票据交易平台筹备工作，步入封闭开发进程
2017 年 1 月	央行正式成立数字货币研究所、使中国金融行业最大限度受益于区块链技术，招商银行、大成基金等多家金融机构共同成立全国首个中国（深圳）Fintech 数字货币联盟
2017 年 2 月	央行基于区块链数字票据交易平台测试成功，央行发行的法定数字货币已在该平台试运行
2017 年 5 月	央行正式挂牌成立数字货币研究所，直属机构中国支付清算协会设立金融科技专委会、聚焦区块链支付应用、数字货币、金融大数据应用领域
2017 年 6 月	央行印发《中国金融业信息技术"十三五"发展规划》，提出积极推进区块链等新技术，与腾讯合作测试区块链技术
2017 年 7～9 月	央行发布《关于冒用人民银行名义发行或推广数字货币的风险提示》，数十家机构参与数字货币安全体系重点课题征集研究，中国印钞造币总公司（中钞集团）在杭州成立区块链研究院
2018 年 1 月	数字票据交易平台实验性生产系统成功上线试运行，顺利完成基于区块链技术的数字票据签发、承兑、贴现和转贴现
2018 年 3 月	央行召开全国货币金银工作电视电话会议，提出"稳步推进央行数字货币研发"。同年两会期间，央行行长周小川表示我国法定数字货币将定名为"DCEP"
2018 年 9 月	央行下属数字货币研究所在深圳成立"深圳金融科技有限公司"，参与开发贸易金融区块链等项目
2019 年 5～7 月	央行数字货币研究所开发的 PBCTFP 贸易融资的区块链平台亮相 2019 年中国国际大数据产业博览会，央行数字货币研发已获国务院批准
2019 年 8 月	央行支付结算司副司长穆长春首度公布央行数字货币采用"双层运营体系"，表示央行数字货币"呼之欲出"；央行提出加快推进法定数字货币研究步伐，跟踪国内外虚拟货币发展趋势，继续加强互联网金融风险整治
2019 年 9 月	央行数字货币开始"闭环测试"，测试中会模拟某些支付方案并涉及部分商业企业和非政府机构
2020 年 10 月	央行数字人民币在深圳试点发行

5.3.2 使用央行数字货币的好处

1. 降低传统纸钞系统的成本

DCEP 可以削减纸钞、硬币的印制、发行、运输、贮藏等各环节的成本，也能有效降低货币的发行和流通成本。同时，大额清算体系将可能被基于区块链的自动清算机制代替，从而减少中间结算环节，直接从支付跨越到清算环节，由此降低交易成本。

2. 促进人民币在国际的流通

在数字化时代，不仅需要改变个人的支付方式，企业间、国家间的支付结算方式也需要重塑。DCEP 网络的第一层是集中式分布式账本，一方发出的消息，多方共同编写、认证、打包消息的同时也完成价值的移转，这摆脱了过去跨境交易所需要的中介机构。而且，分布式银行同业分类账系统，也让跨境支付的清算更快速。从宏观角度来看，数字货币完全可以降低跨境交易的成本，增加资本流动速度，这在一定程度上可以促进全球跨境贸易的发展，有利于人民币的流通和国际化。

3. 能实现更加严格的货币控制

我国的 DCEP 坚持中心化管理模式，央行对 DCEP 拥有绝对的控制权。第一，中心化管理模式能维持币值的相对稳定，以便数字货币更好地行使货币的支付职能。第二，中心化管理模式能保证并加强央行的宏观审慎和货币调控职能。第三，DCEP 可以保证用户的日常消费隐私，但又可以打击犯罪，防止洗钱或恐怖分子。传统的银行流通体系层级多，有的环节易被伪造、匿名不可控，DCEP 将有效解决这些弊端，甚至可以实现对各环节"穿透式"

的直达管理。

4. 管理更精准，确保政策力度

当今社会，包括支付宝、微信在内的第三方支付平台大行其道，这些支付机构并未进入央行支付系统，对于其资金流向，央行很难掌握和统计。同时，纸币的流通很难实现监测和监管，包括第三方支付在内的电子货币部分替代了纸币，这些都在一定程度上弱化了货币政策调控的力度，从而导致金融风险的累积。由于央行数字货币还可以实时精准定位其流通渠道，因此在货币发行时可以实现精准投放、实时传导、前瞻指引以及逆周期调控，极大程度提高了货币政策传导的有效性。

5. 保护私人隐私，满足匿名支付的需求

众所周知，使用现金是可以做到匿名支付的，但是电子支付是必须通过传统银行账户才能完成的"账户紧耦合"方式。这就为网上商城和第三方支付平台等积累了大量的用户数据，然而网络平台用户数据泄露的案件却频频发生。在民众高度注重隐私的今天，实现普通用户日常消费的匿名支付是大势所趋。央行数字货币是"账户松耦合"，即可脱离传统银行账户实现价值转移，使交易环节对账户依赖程度大为降低，实现可控匿名。DCEP能满足大众需要隐私以及在法律允许的范围内匿名支付的需求。另外，DCEP可以部分取代流通中的现金。

5.3.3 央行数字货币的双层运营体系

央行数字货币研究所所长穆长春公开表示："央行数字货币采用双层运营体系，所谓的双层运营体系就是指中国人民银行和商业银行这两层的运行体系，上面一层是人民银行对商业银行，下面一层是商业银行或商业机构对公众。"DCEP将采用双层运营体系，即人民银行先把DCEP兑换给银行或者是

其他金融机构，再由这些机构兑换给公众。

首先，单层运营模式肯定是行不通的。如果采取单层设计和单层运营，相当于中国人民银行一个机构面对全中国 14 亿消费者，这并不现实。另外，使用单层运营架构可能会导致"金融脱媒"的现象。"脱媒"一般是指在进行交易时跳过所有中间人而直接在供需双方间进行。"金融脱媒"又称"金融非中介化"，所谓"金融脱媒"通常意义上是指在金融管制的情况下，资金供给绕开商业银行体系，直接输送给需求方和融资者，完成资金的体外循环。央行数字货币和商业银行存款货币相比，前者在央行信用背书情况下，竞争力优于商业银行存款货币，"金融脱媒"意味着很多商业银行的业务被央行所取代，对商业银行存款产生挤出效应，影响商业银行贷款投放能力，最终后果就是损害实体经济，破坏金融体系。

其次，双层运营体系具备多个优点。第一，充分利用商业机构现有资源、人才、技术等优势。商业银行及其关联商业机构信息化程度已经成熟，基础设施应用和服务体系完善，在金融科技方面积累了很多经验，人才储备也比较充分，完全有能力应付。第二，通过市场驱动促进创新，人民银行和商业银行等机构可以进行密切合作，不预设技术路线，充分调动市场力量，通过竞争实现系统优化，共同开发共同运行。第三，双层运营体系有助于化解风险，避免风险过度集中。如果央行发行数字货币，要直接面对公众，如此大体量的客户需求可能会造成商业风险和操作风险过度集中。

最后，中国人口众多，各地方经济参差不齐，并且资源及人口基数差别都非常大，所以在设计发行和流通的整个环节就要考虑环境的多样性和复杂性，双层架构也是必然的选择。

5.3.4 央行数字货币可以成为 M0 的替代

首先，必须了解 M0、M1、M2 三个概念。M0 即流通中现金，指银行体系以外各个单位的库存现金和居民的手持现金之和。M1 即狭义货币供应量，是指 M0 加上单位在银行的活期存款。M2 即广义货币供应量，是指 M1 加上在银行的定期存款和城乡居民个人在银行的各项储蓄存款以及证券客户保证金。

由于第三方支付的广泛运用，M1 和 M2 的流转效率已经很高，基于商业银行账户的 M1 和 M2 已实现电子化或数字化，没有必要将电子货币再次数字化。目前，微信、支付宝、信用卡、传统银行卡等非现金支付工具都是基于账户"紧耦合"模式，无法完全满足公众对离线、匿名等支付需求，不适合完全取代现钞 M0。央行对 DCEP 的定位是替代 M0——至少是部分取代，DCEP 是不能取代现钞 M0 的，因为 DCEP 在没有智能机的情况下显然是用不了的。

5.3.5　UTXO 模型

DCEP 借鉴采用了比特币的 UTXO 的模型，UTXO 模型是比特币的精粹之一，将对于 DCEP 起到很大作用，理解 UTXO 对于理解 DCEP 也很重要。UTXO 的全称为 Unspent Transaction Output，翻译过来就是"未被花费的交易输出"。我们通常说的在交易所里或者钱包里显示的比特币余额其实就是 UTXO，但实际上在比特币的世界里既没有账户，也没有余额，只有分散到区块链里的 UTXO。UTXO 和余额的概念有点类似，但是又并不是传统意义上"余额"的概念。在比特币区块链账本上记录了一笔一笔的交易，每一笔交易都有若干个交易输入（转账者），也就是资金来源，同时也有若干个交易输出（收款者），也就是资金去向。每一笔交易都要花费一笔输入，产生一笔输出，而产生的这笔输出，就是 UTXO。例如，你的钱包有 10 元人民币，其中有 1 元来自超市找零，其中 1 元来自咖啡店找零，另外 8 元来自便利店找零。现在你拿到三笔钱分别是 1、1、8，你还没有把三笔钱使用出去的话，这三笔钱都属于未被花费交易输出。

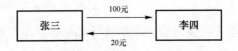

图 5-1　纸币使用的场景案例

比特币的交易由交易输入和交易输出组成，每一笔交易都要花费 (Spend) 一笔输入，产生一笔输出（Output），这就是 UTXO 模型。UTXO 其实与纸币有类似的地方，纸币是可以流通起来的，你获得纸币，也要花出去纸币，每一笔交易都有纸币的输入和输出。图 5-1 阐述的是一个很典型的纸币使用的场景，张三向李四支付 80 元，张三给李四 100 元，李四给张三 20 元。基于比特币的 UTXO 的情况是这样的：第一步，张三有 100 元的 UTXO；第二步，交易，支付给李四 80 元；第三步，交易完成，产生了两个 UTXO，一个是李四的 80 元，另一个是张三的 20 元。

UTXO 是一个最小单位，而且不可拆分，就像不能把现金撕开使用是一个道理。UTXO 是中本聪天才般的创举，是一种前所未有的记账方式。后来者 HyperLedger 设计之初想摒弃比特币的 UTXO 模式，另立旗帜，结果做到后面发现 UTXO 才是真正的王者，不得已又改了回去。

5.3.6　全球央行数字货币态势

2020 年 2 月 5 日，美联储理事 Lael Brainard 在斯坦福大学商学院发表演讲时就发行央行数字货币时说到，美联储正与其他国家中央银行协作，探索多项相关议题，包括自主发行数字货币所涉及的政策、设计和法律，如何增进对"央行数字货币"的理解等。2019 年 11 月，美联储主席鲍威尔曾表示尚未有发行数字货币的计划，这显示出美联储对于数字货币的态度较以往有所转变。其实早在 2018 年 9 月 10 日，纽约金融服务局就批准了美元挂钩的两款稳定币 Gemini Dollar（GUSD）和 Paxos Standard（PAX）。美国对于数字货币的政策变化多端，但是一直是密切关注的态度。

欧洲央行行长拉加德在 2019 年 12 月的利率决议新闻发布会上宣布，已设立了央行数字货币专门委员会，会加快研究数字货币现象，预计在 2020 年中期得出结论。欧洲央行理事会成员、法国央行行长维勒鲁瓦近日提出："如果欧洲央行想要领先其他央行发行数字货币，必须尽快行动起来。"

其他很多国家政府都开始考虑发行具有央行信用的数字货币作为具有公信力的支付工具。2020 年 1 月 21 日，日本央行官网宣布与欧洲央行、英国央行等组建了央行数字货币小组，共同评估央行数字货币的可能性。该小组成员还包括加拿大央行、瑞士央行、瑞典央行和国际清算银行（BIS）。法国央行计划从 2020 年开始试行央行数字货币。但这一测试仅针对私人金融部门参与者，而不会涉及个人零售支付。在法国，政府发起并鼓励了许多与区块链相关的项目，并且立志要成为世界上第一个发行央行数字货币的国家，为其他国家提供典范。

在数字货币领域，世界各国纷纷发力，梳理全球动态，可以明显感受到全球央行都在提速，以应对 2020 年计划推广的 Libra，全球央行数字货币竞赛已然开启。2020 年有望成为全球央行数字货币元年。

5.3.7　电子货币、虚拟货币、数字货币的区别

电子货币本质是法币的电子化，如银行卡、第三方支付等，其背靠政府信用，较纸质法币而言更为方便快捷，能在一定程度上增加货币的流动性，人们现在接触到的基本上都是纸质货币和电子货币。

虚拟货币最典型的就是 QQ 币，还有比如百度的下载券、游戏币等，主要指网络运营商为了便于用户使用互联网服务而发行的，仅供网络企业内部使用的"货币"。2009 年 6 月 4 日，国家文化部下发的《文化部、商务部关于加强网络游戏虚拟货币管理工作的通知》中指出，虚拟货币被界定为网络游戏中的虚拟兑换工具，除此之外并无其他用途与职能。但是，在很多场合，

虚拟货币也经常包括数字货币。

数字货币其实和加密货币（Crypto Currency）在本质上是一样的，更严谨的说法应该是加密数字货币（Encrypted Digital Currency），是电子货币形式的替代货币。比特币、莱特币、以太坊等都属于加密数字货币。

5.4 阿里巴巴的区块链

据统计，2019 年公开的全球区块链发明专利申请数量中阿里巴巴有 1 005 件，而 IBM 只有 169 件，中国平安有 464 件，微众银行有 217 件。入榜前 100 名企业主要来自十几个国家和地区，中国占比 63%，其次为美国占比 19%，日本占比 7%，德国和韩国分别占比 3%，瑞典、安提瓜和巴布达、爱尔兰、芬兰和加拿大各占比 1%。值得注意的是，中国仅阿里巴巴、腾讯上榜，其中阿里巴巴以 1 005 件排名第一，腾讯以 137 件排名第十。

过去两年发布的"全球区块链专利企业排行榜"中，阿里巴巴申请的区块链专利数量已经连续三年全球第一。据了解，阿里巴巴的区块链专利基本来自支付宝的蚂蚁区块链团队，区块链已经成为蚂蚁金服的另一项核心竞争力。来自支付宝的数据显示，其区块链技术已落地达 40 余个场景，可重塑信任机制，能够极大程度提高办事效率。

蚂蚁金服在技术上已经能够支持 10 亿账户规模，同时能够支持每日 10 亿交易量，实现每秒 10 万笔跨链信息处理能力。

阿里云区块链服务（Blockchain as a Service，BaaS）是企业级区块链平台服务，支持 Hyperledger Fabric、蚂蚁金服自研区块链技术以及企业以太坊 Quorum，为企业和政府构建更安全、更稳定的区块链环境，简化部署运维及开发流程，实现业务快速上链。蚂蚁金服自主研发的金融级高性能的区块链技术，特性包括高速并行共识能力、实现秒级交易确认，且具备高可靠和高容错性，提供金融级隐私保护能力，同时也提供对于企业身份、实人身份、内容安全等认证的能力。阿里云可以简化区块链技术细节，减少区块链投入成本，降低使用门槛，支持跨网络、跨云平台上和跨用户 IT 环境的自动化部署能力。

阿里云精心打造的功能，使得在常规方式之外，提供一键式快速部署企业级区块链环境的能力，免去了复杂的配置和联盟管理，用户可进行联盟创建、邀请和审批业务参与方组织加入联盟，以及管理业务通道，轻松管理参与联盟业务的企业实体，并能管理组织内用户，打通业务应用。安全治理方面，提供了 CA 证书服务、国密算法支持、SGX 安全保护等能力，可打造多维度的区块链安全体系。组织和业务通道上的智能合约（即链码）及其管理覆盖安装、实例化、升级等链码全生命周期。其他的特性还有：内置连接信息和证书，提供了图形化的组织用户管理方式，支持 RAM 主子账号，满足企业级的管理与监控需求等。

5.5　百度的区块链

说到百度的区块链，那我们就从百度的超级链说起。什么是超级链？超级链英文全称是 Xuper Chain，简称为 xchain。Xuper Chain 是百度计划开源的具备强大的网络吞吐力和高并发的通用智能合约处理能力的区块链 3.0 解决方案。基于可插拔的共识机制、DAG 可并行计算网络和立体网络，为真正突破当前区块链的技术瓶颈，为区块链的广泛应用铺平道路。

另外，Xuper Chain 超级链最大可能性的兼容比特币和以太坊生态，对区块链开发者友好，且迁移门槛低。Xuper Chain 的全球化部署是 Xuper Chain 公信力的基础，具备强大性能的超级节点，参与记账权竞争，保证了全网运行的效率。而其他轻量级结点作为监督节点，监控超级节点履行职责，从而形成更具公信力的自治的区块链操作系统。

Xuper Chain 是一个区块链操作系统，它支持大量平行区块链的运行。每条区块链支持链内并发和侧链技术。类比传统的操作系统有进程和线程，在超级链的定义里，平行链就是进程，侧链就是线程。

超级链提出了超级计算节点的概念，利用超级计算机和分布式架构，解决区块链网络算力和存储问题。同时，采用 DAG 网络结合侧链和平行链技术，实现了最大限度利用并行计算力的核心技术。

Xuper Chain 是通过一条 Root 链来管理整个超级链网络。Root 链可通过投票表决机制，升级到任意共识机制，包括但不限于 POW、POS 等。

超级链的主要功能包括：创建平行链和超级链网络管理。任何人想使用超级链网络，只需要调用 Root 链的接口，创建一条自己的区块链即可。在创建的时候，可以指定共识机制。任何调用 Root API 接口和功能都需要消耗燃料。在创建区块链的时候，可以指定创世块参数，确定创世规则。

百度超级链富有弹性，而且可以定制，表现在：

(1) 每个应用拥有一条独立的链，而不像以太坊上的应用共用一条链。

(2) 拥有完整的区块链算力，无须跟他人共享算力（不存在某个应用服务并发量暴涨，导致整个超链网络瘫痪的情况）。

(3) 可以制定自己的共识机制。

(4) 能编写自己的智能合约，并有独立的资源运行。

百度超级链是百度自研的具备强大的网络吞吐能力、高并发的有效性验证能力和可扩展的存储能力的区块链 3.0 解决方案。百度超级链提供通用的智能合约，一套以数字形式定义的承诺基于 UTXO，兼容 EVM、WebAssembly 的智能合约通用化运行。高性能、高可靠性计算网络，有向树、DAG 图和有向图示意，基于 DAG 的可并行计算网络，单链运行智能合约可达到 10 万 TPS，经可回归侧链技术加成单链性能超过千万 TPS 立体网络。横线是平行链，竖线是跨链，平行链和跨链构成区块链立体网络，多链运行能力可达千万级 TPS，具备业务、数据、参与方隔离的安全业务形态。

百度将开放超级链生态，以协助开发者快速创建区块链应用。百度超级链将提供底层的基础支持和开发者工具，让企业和个人开发者专注于应用创新和功能开发，可以轻松将业务上链。他们并将推出一系列扶持计划，推动区块链现象级应用落地，携手广大开发者共同打造超级链应用生态圈。开源计划具体表现为：①已经对百度公司内部和生态伙伴开源；②2019 年向全社会开源。

百度超级链合作成功案例：

度宇宙：百度首款区块链产品，是由各种稀有元素组成的神奇世界，在这里，比如你将拥有自己独一无二的星球，从自己的星球出发，穿越虫洞，开始星际旅行；在旅行的过程中可以在任何星球着陆展开探索，在不同星球上享受独属于自己的神奇际遇。

百度百科：百科编写全流程上链，使用区块链技术，平台可以通过时间戳、哈希算法对百度百科上的每次编辑进行确权，从而记录百科词条的历史版本和作者、编辑时间，实时记录词条的全部变化，达到存证目的，配合用户实名制效果更佳。

百度图腾：运用了超级链和版权的结合。将作品版权信息永久写入区块链，基于区块链的公信力及不可篡改性，结合百度领先的人工智能识图技术优势，让作品的传播可溯源、可转载、可监控，改变传统图片版权保护模式。

2018 年 10 月 18 日，百度公司与海南省人民政府宣布将在区块链领域达成深度合作。百度与海南省工业和信息化厅及海南生态软件园将共同建设海南百度区块链实验室，发起设立海南自贸区区块链试验区标准委员会。在当天的发布会上，百度还首次发布了《百度区块链白皮书 1.0》和百度的超级链系统——Xuper Chain，并宣布百度链公司落户海南。《百度区块链白皮书》显示，百度区块链战略的核心就是百度自主研发的区块链操作系统——Xuper Chain。据了解，超级链拥有 100％自主产权创新，80 篇专利保护，具备超级节点技术、链内并行技术和立体网络技术等核心亮点。

第 6 章
国际区块链的发展态势

现在"区块链"一词成为舆论热词,中国正式将"区块链"定为国家战略后,已全面进军到了国际区块链领域的竞争中。区块链与 5G、人工智能、物联网等共同成为全世界国家角逐的新战场,区块链技术及应用的"世界大战"正式拉开了帷幕。

那么,国际上有哪些代表性的区块链公司和巨头值得关注?现在的竞争格局以及未来的走向可能会怎样?各国角逐区块链与数字货币背后的逻辑是什么?俗话说"知己知彼,百战不殆",让我们一起看看国际的区块链"大块头",一起探讨并试图回答上面提到的一系列问题。

6.1 IBM 及微软的区块链技术表现

IBM 应该能部分代表美国的区块链技术解决方案,相较于 Amazon 和 Microsoft,IBM 在区块链上的布局更为超前。IBM 是最早布局企业级区块链的科技巨头,2015 年,IBM 成为超级账本(Hyperledger Fabric)的初始成员企业，这也奠定了 IBM 作为联盟链上巨头的基础地位。IBM 的区块链业务发展到今天，已经涵盖底层技术、食品安全、医疗、全球贸易供应链、金融行业、跨境支付、广告出版、保险行业、物联网等多个场景。相应地，IBM 对此技术的人员与资金投入不菲。

据 Winter Green Research 公司 2018 年的一份报告显示，在总规模超过 7 亿美元的区块链产品和服务市场中，IBM 已经成为占据最大市场份额的公司。更有数据预测，到 2022 年，区块链相关的产品和服务市场规模将由 2016 年的 2.42 亿美金升至 77 亿美金。在 IBM 区块链涵盖的场景中，有 63 家公司与 IBM 进行了特定主题的合作，包括 25 家全球贸易公司、14 家食品公司、14 家全球支付业务公司，其中不乏雀巢、Visa、沃尔玛和汇丰银行等全球知名公司。

2018 年，IMB 区块链业务总经理 Marie Wieck 透露，他们已经招募了大约 1 600 名员工探索区块链技术项目，而且在这一新兴行业里的投资及人力资源布局都领先其竞争对手。按每人平均 10 万美元的年薪计算，IBM 公司每年在区块链项目上的人员支出花费高达 1.6 亿美元。

2019 年 7 月，IBM 以 340 亿美元高价正式收购红帽（Red Hat），正式进入混合云市场。此次交易也是 IBM 迄今为止最大规模的一次收购交易，按照交易合约，红帽将并入 IBM 的混合云部门。IBM 先前表示，希望此次收购交易能够帮助公司在云业务方面获得更大发展。云业务是 IBM 的四大关键增长驱动因素之一，另外三个驱动因素分别是社交、移动和分析工具。

2019 年 3 月，IBM 宣布已与六家国际银行签署意向书，这些银行计划在 IBM 支付网络 World Wire 上发行稳定币。摩根大通之后，又一家百年企业对稳定币抛出橄榄枝。

提到 IBM，顺便也说一下微软。微软全球生态合作伙伴达数十万家，云合作伙伴达数万家，云解决方案提供商年收入增速超 200％。通过合作共赢的模式，微软一方面提高自身的竞争壁垒，另一方面将区块链技术应用于更多行业和领域，竭力建立庞大的区块链生态合作体系。

2018 年 5 月，微软发布 Azure 区块链工作平台 Azure Blockchain Workbench，试图简化开发团队基于区块链的应用开发方式，为开发人员运用区块链技术提供新的应用工具。开发者只需要通过"几次简单地点击"，就能建立端到端的区块链应用程序架构。微软表示，一些合作伙伴已经开始使用这一平台，包括以色列银行 Hapoalim、雀巢公司和软件生产商 Apttus。微软 CTO 凯文·斯科特在接受采访时说道："微软决定 All In 区块链。"

6.2　以太坊——可编程数字货币的巨无霸

以太坊（Ethereum）是一个开源的有智能合约功能的公共区块链平台，通过其专用加密货币以太币（Ether，简称"ETH"）提供去中心化的以太虚拟机（Ethereum Virtual Machine）来处理点对点合约。以太坊的概念首次在 2013—2014 年间由程序员 Vitalik Buterin 受比特币启发后提出，意为"下一代加密货币与去中心化应用平台"，于 2014 年通过 ICO 众筹开始得以发展。

以太坊是一个平台，平台上提供了各种模块让用户来搭建应用，如果将搭建应用比作造房子，那么以太坊就比如提供了墙面、屋顶、地板等模块，用户只需要像搭积木一样把房子搭起来，因此在以太坊上建立应用的成本和速度都大大改善。具体来说，以太坊是通过一套图灵完备的脚本语言（Ethereum Virtual Machinecode，简称"EVM 语言"）来建立应用，它类似汇编语言。我们知道，直接用汇编语言编程是非常痛苦的，但以太坊里的编程并不需要直接使用 EVM 语言，而是使用 C、Python、Lisp 等高级语言，然后通过编译器转成 EVM 语言。

上面所说的平台之上的应用，其实就是合约，这是以太坊的核心。合约是一个活在以太坊系统里的自动代理人，它有一个自己的以太币地址，当用户向合约里的地址发送一笔交易后，该合约就被激活，然后根据交易中的额外信息，合约会运行自身的代码，最后返回一个结果，这个结果可能是从合约的地址发出另外一笔交易。需要指出的是，以太坊中的交易，不单只是发送以太币，它还可以嵌入相当多的额外信息。如果一笔交易是发送给合约的，那么这些信息就非常重要，因为合约将根据这些信息来完成自身的业务逻辑。

合约所能提供的业务，几乎是无穷无尽的，它的边界就是你的想象力，因为图灵完备的语言提供了完整的自由度，让用户搭建各种应用。

比特币网络事实上是一套分布式的数据库，而以太坊则更进一步地可以被看作是一台分布式的计算机：区块链是计算机的内存；合约是程序；而以太坊的矿工们则负责计算，担任 CPU 的角色。这台计算机不是而且也不可能是免费使用的，使用它至少需要支付计算费和存储费，当然还有其他一些费用。最为知名的是 2017 年初，以摩根大通、芝加哥交易所、纽约梅隆银行、汤森路透、微软、英特尔、埃森哲等 20 多家全球顶尖金融机构和科技公司成立的企业以太坊联盟。而以太坊催生的加密货币——以太币近期又成了继比特币之后受追捧的资产。

以太坊网络在 2019 年 2 月份进行了"君士坦丁堡升级"（Constantinople Upgrade），这是一个计划中用于升级网络的硬分叉，并使其更接近多阶段的"宁静升级"。预计以太坊 2.0"宁静升级"更新将在 2021 年完成，此次更新将实施 PoS 和分片，以提高可扩展性并降低交易成本。君士坦丁堡升级共包括 5 个以太坊改进方案（EIP）。值得注意的是，EIP 1234 将区块奖励从 3 ETH 减少至 2 ETH，这一发展被称为以太坊第三次区块奖励减半。

然而，还有其他平台，如 EOS、Cardano 和 Tron，它们将提供更快的交易和可扩展的"智能合约"，但以太坊仍然在市值和加密社区备受欢迎。

6.3 Facebook 参与主导的 Libra

Libra，是 Facebook 为参与者之一，由 Libra 协会新推出的虚拟加密货币。Libra 是一种不追求对美元汇率稳定，而追求实际购买力相对稳定的加密数字货币。最初由美元、英镑、欧元和日元这四种法币计价的一篮子低波动性资产作为抵押物。

Libra 是全球首家大型网络巨头发起的加密币，除了 Facebook 之外，Visa、Mastercard、Paypal、Uber 等大机构都参与其中（最新消息是包括 PayPal、Visa、万事达、eBay、Stripe、Booking 在内的六家大公司先后宣布退出 Libra 的创始成员名单）。Facebook 在全球拥有 24 亿社交网络基础，如果 Libra 能够获得美国政府同意，其推广速度将会很快。

由于有资产储备支持，Libra 的发行更像传统中央银行。根据 Libra 协会的说法，储备的初始来源是协会向创始人支付的 Libra 币奖励所对应的资产，这部分作为奖励分配的 Libra 币资金将非公开配售给投资者。之后，储备将随着用户对 Libra 的需求增加而增加，用户每创造一个新的 Libra 币就必须按 1 : 1 的比例支持法定货币，该法定货币转入储备。简而言之，创造更多的 Libra 货币的唯一方法是使用法定货币购买并增加储备。

区块链是数字加密货币存储交易的基础，Libra 区块链将以许可型区块链的形式起步，兼顾隐私保护、实用性、可扩展性和监管影响，逐渐实现真正的去中心化。

区块链分为"许可型区块链"和"非许可型区块链"，这由实体是否能作为验证者节点接入区块链平台来决定。在"许可型区块链"中，实体通过权限授予方式运行验证者节点；在"非许可型区块链"中，符合技术要求的任何实体都可以运行验证者节点。比特币等依赖"矿机"进行交易验证的数字加密货币则采用非许可型区块链，任何掌握相关技术的人都可以参与验证挖矿，其优点在于真正的去中心化，缺点在于会造成运力竞赛，如当某一方的运力达到一定级别可能会威胁整个网络的安全。Libra 协会认为，目前还没有成熟的解决方案可以通过非许可型网络为全球数十亿人的交易提供稳定性和安全性。因此，目前 Libra 区块链是在 Libra 协会主导下的许可型区块链。但研究和实施从许可型向非许可型过渡也是协会的工作之一，过渡工作将在 Libra 区块链和生态系统公开发布后五年内开始，并且无论是在许可型还是非许可型状态下，Libra 区块链都将向所有人开放。

白皮书中公开的有关 Libra 区块链的三项决策是：①设计和使用 Move 编程语言，用于在 Libra 区块链中实现自定义交易逻辑和"智能合约"；②使用拜占庭容错共识机制来实现所有验证者节点，就将要执行的交易及其执行顺序达成一致；③采用和迭代改善已广泛采用的区块链数据结构。

Libra 可能会强化美元统治地位，挤压人民币国际化空间。因为美元是国际贸易、投资和储备中需求量最大的高信用等级货币，且实测数据表明美元在过去五十年间通货膨胀的波动率是最低的，即拥有最稳定的购买力。目前，多数商业机构发行的数字货币实质上是在借用美元的购买力，若这些数字货币得到广泛使用，必将挤压人民币国际化的空间。

6.4　德国的区块链战略

2019 年 9 月 18 日，德国总理默克尔批准了区块链战略，确定政府在区块链领域里的优先职责，包括数字身份、证券和企业融资等。同时，该战略文件中还指出德国不会容忍像 Libra 这样的稳定币对其法定货币构成威胁。

具体来看，德国区块链战略明确了五大领域的行动措施，包括在金融领域确保稳定并刺激创新；支持技术创新项目与应用实验；制定清晰可靠的投资框架；加强数字行政服务领域的技术应用；传播普及区块链相关信息与知识，加强有关教育培训及合作等。德国区块链战略重申了国家计划，该计划将使德国财政部此前宣布的分布式账本证券合法化，并承诺允许证券以纯数字形式存在，包括存在于区块链上。

德国政府区块链战略对于个人身份信息做出了阐述，认为德国民众还是信任政府作为公民个人信息的监护人。对于提供数字身份信息的企业和机构，政府会检查这些基于区块链的数字身份是否能够提供明显的附加价值，以及它们是否能够以符合法律数据保护要求的方式进行设计。国家被视为数字个人身份的核心组织者或监管者，有义务按照监管条款保证数据安全并得到保护。德国政府旨在测试各种区块链系统的互操作性，并让它们展开竞争，以更好地为德国人民提供服务。

德国正在计划为自动化设备开发一些数字识别和验证解决方案，德国区块链战略文件中表明，会特别考虑区块链技术、嵌入式 SIM/嵌入式通用集成电路卡、多因素认证以及其他硬件和软件程序来进行物联网领域的探索。

除此之外，制定该战略文件的参与者也呼吁区块链技术在物联网中的应用需要以某种方式由公众控制并由官方机构认证。为了增强未来物联网区块链技术解决方案的互操作性，德国政府区块链战略鼓励使用开源软件，同时还会致力于确保区块链的应用解决方案具有可互操作和开放接口，以便与其他区块链的应用程序链接。

此外，文件中还提到德国政府计划于 2019 年年底推出数字证券法草案，该草案将确保"技术中立性"，预计在其首个迭代版本中仅会涉及数字债券。如果草案执行情况良好，下一步可能会尝试探索基于区块链的数字股票和投资基金。如果现在证券通过区块链发行，那么证券交易的执行和结算可以比目前更具成本效益，交易速度也会更快。

文件中还补充到，德国政府将与德国央行合作推出一种"数字中央银行货币"。这一战略似乎是针对 Facebook 数字货币 Libra 提出的。近期，德国和法国发表了联合声明，表示他们不相信 Libra 能够阻止洗钱和恐怖主义融资并保护投资者，同时还暗示 Libra 可能会对"货币主权"构成威胁，因此他们将在欧洲大陆反对这个稳定币项目。

实际上，德国政府已经批准了一笔此类交易。2019 年夏天，总部位于柏林的初创公司 Fundament 发行了价值 2.8 亿美元的房地产代币化债券，也是德国金融监管机构 BaFIN 首次批准发行此类债券。德国还将探讨分布式账本技术在公司治理方面的应用，包括股权结算、股权行使、合作社成员权利等方面。

另外，柏林不仅是 EOS 操作系统的总部所在地，而且也是 IOTA 的基地，这些实体都将加强柏林的区块链发展，改善德国的加密货币环境。

第 7 章
用区块链思维拥抱未来

7.1 区块链与可编程社会

7.1.1 人类正在加速进入数字世界

曾有一句话："Internet is eating the world（互联网正在吞噬世界）"，而将来可能是"Blockchain is eating the world（区块链正在吞噬世界）"。互联网是我们进入数字世界的开始，但是随着海量数据的产生，大量智能设备和各类终端进入我们的生产生活，互联网已经无法承载，尽管有物联网的出现，但是仍然捉襟见肘。区块链有可能融合两种网络或多种网络，为我们实现随时随地对这个世界的精准控制和转移，让我们"所想即所得"。

区块链尚处于早期，但它已经开始吞噬这个世界，吞噬这个世界的最大途径之一就是把所有价值资产都上链，然后通过区块链的透明、公开、不可逆、去中介化信任的特点，让一切价值流通瞬间完成。

计算机打开数字世界之门，互联网将全世界组成网络，区块链加速人类向数字世界的迁移。

7.1.2 万物编码，开创新维度

在区块链的世界里，任何信息、数据、代码、文件、身份等都唯一且可以编码。将来宇宙万物——大到社会，小到个人，无论是任何形式的信息，甚至我们的语言、思维、情感，都会成为数字世界的一部分。区块链很重要的一种进步是"万物编码"，这就仿佛有了 IP 地址和域名以后，我们能够有序有效地建立一个网络世界一样。有了 IP 地址，有了域名，才有了一个个的网站，才有了我们今天的互联网。

其实，我们进入互联网时代，从某种意义上来说，我们可能已经开创了新的维度，我们的社会不再是只有空间、时间、能量、物质这样的维度，互联网使我们延伸到这些以外的新维度。很快我们将从互联网时代进入另一个新的"网络时代"区块链时代。新网络时代的复杂程度和互联网时代不可同日而语，不仅硬件、软件、数据、文件、价值等方面有所变化，而且社会、自然、环境等可能都会被数字化或者被编码，可能开创更新、更广泛、无法想象的新世界。

区块链可以说是现实世界向数字世界更大规模、更深度迁移的开始。

7.1.3 改变生产关系和权益分配机制

未来的生产和生活方式，社会组织方式等都将更深度地进入数字世界，区块链基于数学原理解决了交易过程中的所有权确认问题，保障系统对价值交换活动的记录、传输、存储结果都是可信的，尤其是实物的产权和价值的转移，无论是速度还是质量，已经超过现在的互联网。区块链是计算机人类融合发展的更高阶段，是调整生产关系以适应高度发达的计算机世界发展的必然产物。

传统的证券、银行体系，企业股份制，创投融资等这些经济、金融、商业的模式都有可能被改变或者重塑，很多年未曾改变的生产关系可能被改变。区块链是一种生产关系的变革，有可能改变公司、商业和经济的基础运行形式。

如果说人工智能是提高生产力，让生产效率更高，而区块链是改变生产关系，让世界更加公平。区块链是技术思想和哲学思想，这意味着未来区块链项目会把它的分布式计算和控制渗透到更多项目中，这会深刻改变原来的组织模式、生产模式和管理模式，也会让生活中的方方面面被带入进来。

7.1.4　带来社会经济的深度变革

著名的《经济学人》杂志于 2015 年 10 月发了题为 *The trust machine* 的封面文章，将区块链比喻为"信任的机器"。区块链有可能像互联网、物联网一样成为未来重要的科技和创新，重构我们的社会经济、生活文化的方方面面。目前的互联网是平面的，很难承载日益深度的多维数字世界，区块链是价值互联网，不同于现在的信息互联网。区块链和互联网、物联网、人工智能、云计算、大数据等的结合可能会颠覆和改变我们的世界。

区块链解决了在不可信信道上传输可信信息、价值转移的问题。其共识机制解决了区块链如何在分布式场景下达成一致性的问题。共识机制在去中心化的思想上解决了节点间互相信任的问题。智能合约更加接近现实，延伸到了社会生活和商业，从方方面面让机器参与更多以前人类才能完成的"判断"和"执行"。社群及自治又让区块链引发无限猜想，"投票""信任""承诺""协作""判定"等原本是人类才有的意识或者思维，区块链同时具备了。

同时，区块链作为一项伟大的信息技术创新，在有关信息的质量和真实性上，区块链将为人类提供对信息的高精度的控制和管理。当使用大数据、云计算、物联网、人工智能等的系统和设备越来越多，并且被连接到一个可以互相通信的网络中之时，不同的程序为了实现它们的目标，它们将要求自己能在网络上进行传输、交易，实现思维，那么其中许多任务是通过区块链来自动管理。

7.1.5 可编程社会

业内将以比特币为代表的区块链1.0称为"可编程货币"，将以太坊为代表的区块链2.0称为"可编程金融"，未来的区块链3.0不仅将应用扩展到身份认证、审计、医疗、投票、物流等社会治理领域，还将进入工业、艺术、科学和文化等领域。可编程社会是指随着区块链技术的发展，其应用将超越金融领域，扩展到整个社会任何有需求的领域。

很多人并不明白信用的重要性，毫不夸张地说，整个人类世界存在的很重要的原因就是人类解决了信用问题，构建了信用体系，信用能够在社会群体中产生并且被维护和运营，虽然时常有信用崩塌的时候，但整个人类的发展和进步，信用起到了至关重要的作用。区块链具有去中心化和去信任的功能，提供了一种通用技术和全球范围内信用的解决方案，从而使整个世界的运行效率和整体水平得到提高，也更大程度地推动了世界向数字化的迁移，即不再通过人类设立的机构建立信用和共享信息资源。

人工智能、物联网、互联网和区块链各自都并非独立，而是互相关联和嵌入，你中有我、我中有你，共同形成了可编程社会的四大基石。可编程社会其实就是机器社会、计算机社会或者代码社会，是计算机高度发达后必然的结果，是计算机在社会中扮演愈来愈重要的身份和角色的直接体现。

互联网将全世界的电脑和人连接起来。物联网将越来越多的智能硬件接入网络。人工智能让网络和设备、软件更加智慧。区块链让网络不仅可以传输信息，还可以传输价值。区块链让全世界万物上链，形成无数个智慧自治的生态组织，让电脑、人、智能硬件、软件、数据等各司其职，平等对话，确保整个世界和计算机共同组成的网络能实现值得信任的协作和交换。互联网和物联网实现了语言和通信，人工智能让信息计算变得高度智慧，区块链解决群体共识和社会契约。

最终，未来，无数个网络和设备各司其职，智慧地存在和运行，除非出现重大问题，可能并不需要人过多地干预。而所有这些网络和设备都是在人的法律和规则下运行的，人类不断地优化和升级代码、程序和机器，社会不断地向前发展。

7.1.6　区块链的未来

全世界各国政府、各大科技巨头以及各个央行将区块链和数字货币定为重大战略，区块链 3.0 时代正式到来。比特币被认为是区块链 1.0 的代表，以太坊被认为是区块链 2.0，区块链 3.0 将会是区块链在全世界范围内逐渐普及和落地应用的开始。

虽说有 Ethereum、EOS 这样的大型区块链企业诞生了，但区块链要实现真正大规模的商用或民用，必须要有传统互联网等科技巨头的介入才能实现。道理很简单，科技巨头掌握着大量的用户、资金和资源数据信息，只有这些巨头提供区块链服务才能让数亿用户享受区块链的服务。

例如，支付宝推出区块链海外汇款，从中国香港到菲律宾可实时跨境转账，虽然这仅仅是支付宝的一个小的尝试，但是瞬间覆盖了几百万人。区块链的真正落地，需要政府支持和大型公司来验证并且树立标杆，科技巨头拥有更高的行业理解和视角，并且科技巨头一般都经历过多次科技浪潮，对于如何布局和操控新的技术或者模式，拥有很丰富的经验。当然，类似数字货币的应用和普及主要取决于全球各国央行数字货币的发展和应用的速度。

既然区块链是一种技术，必定会融合各类形态和体系，融合各类技术、平台、软件。就像当年的"大数据"一样，各行各业都与之相关，那么大数据就不是一个孤立的概念，而成为很多行业、企业、平台的基本配件。

很多 IT 人士还记得 1995—2001 年的互联网泡沫，那么区块链的发展可能也不会是一帆风顺的。从历次科技浪潮来看，先行者不断探索试错，很多企业放弃或倒闭，新入企业不断发现更加可行的途径，真实的机遇就会由此诞生。

很多读者或许比较关注一个问题，那就是区块链创业做什么更容易成功？从互联网的发展来看，最初发展较好的网络硬件、IDC 服务、工具软件、网吧等，当然，电子商务、IM、BBS、门户新闻、游戏、企业服务也都是相对容易成功的。无论如何，主要业务是基础服务和基础设施的早期互联网企业成功的概率会更高一些。现在的区块链仿佛是互联网的早期，同样的道理，区块链的咨询顾问、区块链的解决方案、区块链的基础设施等这些可能是更容易成功的。对于整个行业而言，区块链的"OS"、大型底层公链的搭建，对于行业也至关重要。区块链有显著的赋能作用，很多中小微创企业可借助区块链迅速构建起自己的生态系统、价值体系。在这样的情况下，Token 的产生、协调、流转、贡献、投票是很有意义的。

未来二十年，区块链及相关技术给世界带来的影响有可能比互联网在过去二十年里产生的影响更加深远。区块链将开启一扇通往新数字体模式的大门，能够大幅降低成本，提高效率，从根本上改善数字体的生存和进化，颠覆许多现有的商业模式。

7.2 区块链思维引领区块链产业高速发展

习近平总书记在主持中共中央政治局第十八次集体学习时强调，加快区块链和人工智能、大数据、物联网等前沿信息技术的深度融合，区块链技术的集成应用在新的技术革新和产业变革中起着重要作用。自从 2019 年 10 月 24 日以来，多地政府部门印发了区块链发展行动计划，全国区块链产业呈现出高速发展的态势。

1994 年中国接入国际互联网，这成为了中国互联网时代的起始，在那个时候我们没有任何基础，只能"摸着石头过河"，我们不断地试错不断地调整，步履维艰，在二十多年后的今天，我们已经成为信息化的大国。区块链作为一种新兴技术出现，我们应该全面、审慎、客观的对其进行研究和思考。我们除了学习其技术原理之外，还应该思考其真谛，探究其精华，将之与其他技术进行综合比较和融合使用，这样的"区块链"才能更好地服务社会经济。

"知其然还要知其所以然"，区块链思维与区块链技术同样重要，深刻理解"区块链是一种技术也是一种模式创新"将有助于我们更好的应用和发展好区块链。

1. 为什么区块链产业发展需要构建区块链思维

王阳明说："知是行之始，行是知之成。"只有认知达成了共识，才有行的成效，认知的水平是由思维的模式和思维的逻辑结构所决定的。目前，对于区块链技术的追逐过于热衷，而对于区块链思维的研究尚有欠缺，所以对于区块链思维的探索和研究需要加强。

2. 区块链思维的内涵

区块链思维有别于互联网思维，互联网传播的是信息，而区块链更多传播的是价值。互联网思维讲究的是用户思维、产品思维、流量思维等，这些是互联网元素的角色所决定的。区块链思维是研究社会组织中的生产关系，研究实现更细颗粒度的分配机制及这种分配机制如何促进区块链＋产业更加精细化、高质量的发展。同时，由于区块链也是分布式账本，大家共同记账，所以在数据共享交换、业务协同办理等方面有着非常强的优势和发展空间。

3. 推广区块链面临的新问题

2020 年 10 月 15 日，美国政府公布了《国家关键技术和新兴技术战略》，其中区块链技术被列为国家安全技术，美国不再将其提供给竞争对手。我们的区块链发展面临严峻的考验，我们更要大力发展自主可控的区块链技术。与此同时，我们也应该加大力度研究"如何更好的使用区块链""如何更好的发挥区块链的优势"，探索出新的模式也同样重要。

4. 引领区块链产业发展的关键抓手

(1) 培育区块链企业

培育创新能力强、发展潜力大、具有自主可控核心技术的区块链企业，助力区块链企业快速成长。

(2) 培育区块链新兴业态

加快自主可控主权区块链技术的科研成果转化，促进区块链技术集成、应用以及商业模式的创新，积极培育区块链新兴业态。

(3) 推动区块链技术产业园区的发展

加快集聚区块链人才、企业、科研院所等创新资源，促进产学研协同创新，推进各类区块链应用场景率先在产业园区落地。

(4) 加强区块链的监管

采用监管沙盒的方式，探索建立对区块链适用性的监管框架，完善相关法律法规，减少试错成本。

(5) 加强区块链人才培养和人才体系的建设

组织开展区块链应用创新人才培养工作，推进人才培养标准开发和人才体系建设，开展区块链思维、顶层设计、商业模式、应用架构设计、技术架构设计、技术工程师等不同岗位的人才梯队的培育，为区块链产业高速发展提供强有力的人力支撑。

5. 推广区块链思维，促进区块链产业发展

自从多地政府陆续推出区块链发展行动计划以来，政府方面对于发展区块链的战略的重视和决心在提速。目前，区块链的应用发展呈现"自上而下"的发展态势。将来，势必要提高全社会的创新动能，将由"自上而下"转变为"自下而上"的全社会参与的格局，以提升整个区块链应用创新体系的效率和质量。

政府应该加强政策的引导和产业扶持，降低政策扶持门槛，以便惠及更多的区块链应用创新企业。让市场机制实现区块链创新的竞争，使得企业能够更多依靠创新能力在市场上获得新发展。

附录 1
区块链大事件

1991 年，S. Haber 和 W. S. Stornetta 发表了一篇名为 *How to time-stamp a digital document*《怎样为电子文件添加时间戳》的论文。

1998 年，Wei Dai 发表了一篇名为 *A scheme for a group of untraceable digital pseudonyms to pay each other with money and to enforce contracts amongst themselves without outside help*《一种能够借助电子假名在群体内部相互支付并迫使个体遵守规则且不需要外界协助的电子现金机制》的论文。

1999 年，H. Massias 等发表了一篇名为 *Design of a secure timestamping service with minimal trust requirements*《在最小化信任的基础上设计一种时间戳服务器》的论文。

2002 年，A. Back 发表了一篇名为 *Hashcash-a denial of service counter-measure*《哈希现金——对拒绝服务式攻击的一种克制方法》的论文。

2008 年，中本聪发表了一篇名为 *Bitcoin：A peer-to-peer electronic cash system*《比特币：一种点对点的电子现金系统》的论文。

2009 年，中本聪发布了首个比特币软件，并正式启动了比特币金融系统。

2009 年 1 月 3 日，中本聪在位于芬兰赫尔辛基的一个小型服务器上挖出了第一批 50 个比特币，被称作"上帝区块"。

2010 年 5 月 22 日，Laszlo Hanyecz 用 10 000 个比特币买了两块披萨，如果按照每个比特币价值 400 美元来计算，每块披萨价值 200 万美元。

2010 年 7 月 17 日，第一个比特币交易平台 mt. gox 成立。

2011 年 2 月 9 日，比特币首次与美元等价，每个比特币价格达到 1 美元。媒体报道这个消息后引发了人们的高度关注，比特币的新用户激增。在之后的两个月内，比特币与英镑、巴西币、波兰币的互兑交易平台先后开启。

2011 年 3 月 6 日，比特币全网计算速度达 900 G Hash /s，但很快又下跌了 40%，显卡"挖矿"流行起来。

2011 年 8 月，MyBitcoin（常用的比特币交易处理中心之一）遭到黑客攻击，并导致关机。波及 49% 的客户存款，超过 78 000 个比特币（当时大约相当于 80 万美元）下落不明。

2011 年 8 月 20 日，第一次比特币会议和世博会在纽约召开。在谷歌趋势中，比特币的关注度创新高。当时每个比特币的价格为 11 美元。

2012 年 11 月 25 日，欧洲第一次比特币会议在捷克布拉格召开。

2012 年 12 月 6 日，世界上首家被官方认可的比特币交易所——法国比特币中央交易所诞生，这是首家在欧盟法律框架下进行运作的比特币交易所，此时比特币价格为每个 13. 69 美元。

2013 年 5 月 14 日，美国国土安全部获得法院许可，冻结了全球最大的比特币交易所 mt. gox 的两个账户，此时每个比特币的价格为 119.4 美元。

2013 年 5 月 28 日，位于哥斯达黎加的汇兑公司 Liberty Reserve 的虚拟货币服务被美国国土安全部以涉嫌洗钱和无证经营资金汇划业务的理由取缔了，美国检察官称这将成为历史上最大的国际洗钱诉讼案，洗钱规模达到 60 亿美元，包括中国在内的大量用户血本无归。此时每个比特币的价格为 128 美元。

2013 年 7 月 30 日，泰国开全球先河，封杀比特币，泰国央行禁止购买、出售比特币以及任何附带比特币交易的商品和服务，禁止接受或向泰国境外人士移交比特币。

2013 年 8 月 19 日，德国正式成为全球首个认可比特币的国家。德国政府正式承认了比特币的合法货币地位。该货币拥有者将可以使用比特币缴纳税金或者用作其他用途。

2013 年 10 月，GBL 比特币交易平台下线，卷走用户持有的当时价值 410 万美元的比特币。

2013 年 10 月，在加拿大启用了世界首台比特币自动提款机，通过提款机可办理加拿大元与比特币的兑换。

2013 年 10 月 2 日，著名毒品交易网站"丝绸之路"被美国联邦调查局正式取缔了，该网站 29 岁的创始人 Ross Willian Ulbricht 遭到逮捕。在这次的查抄活动中，共有 2.6 万个比特币被没收，当时总价值为 320 万美元左右。

2013 年 11 月 29 日，每个比特币价格达到 1 242 美元，创下历史新高，而当天的黄金价格是每盎司 1 240 美元。

2013 年 12 月 5 日，中国人民银行五部委①发布《关于防范比特币风险的通知》(银发〔2013〕289 号，以下简称"《通知》")。在此《通知》中，央行明确了比特币为"网络虚拟商品"，而不是货币。同时《通知》规定，金融机

---

① 五部委：中国人民银行、工业和信息化部、中国银行业监督管理委员会、中国证券监督管理委员会、中国保险监督管理委员会。

构与支付机构不得开展与比特币相关的业务。

2013 年 12 月，淘宝网宣布其支付平台支付宝停止接受比特币付款。

2014 年 2 月 25 日，因为网站安全漏洞，总部设在日本东京、全球最大的比特币平台 mt. gox 关闭了网站并停止了交易。

2014 年 3 月 15 日，中国香港首台比特币自动提款机被授权给一家咖啡厅使用。

2014 年 3 月 21 日，发生了比特币投资者们所称的"321 事件"。一条关于我国央行取缔比特币交易的小道消息在微博上迅速被传开，引发了一场恐慌。

2014 年 5 月，美国的 Dish Network 公司宣布支持比特币支付。

2014 年 7 月，美国的 Dell 公司宣布支持比特币付款方式。

2014 年 9 月，美国的 ebay 公司宣布旗下的支付子公司 Braintree 可以接受比特币的交易。

2014 年 12 月，美国的 Microsoft 公司宣布支持比特币付款方式。

2015 年，比特币突破 1P Hash/s 的全网算力。

2015 年，IBM 宣布加入开放式账本项目（Open Ledger Project）。Microsoft 公司宣布支持区块链服务（Blockchain as a Service）。

2015 年 1 月，比特币公司获得了当时最大一笔融资，比特币公司 Coinbase C 轮融资 7 500 万美元。BBVA（西班牙对外银行）通过旗下子公司以股权创投的方式参与了此次融资，以助其熟悉区块链技术并了解其工作方式。

2015 年 3 月，摩根大通的高管 Blythe Masters 离职，转入区块链公司 Digital Assets Holdings（数字资产控股公司）担任 CEO。

2015 年 5 月，高盛公司在其报告中称数字货币为市场"大势所趋"，将参与其中。同时，高盛开展区块链技术的技术储备和探索，联手其他投资公司向比特币公司 Circle 注资 5 000 万美元。

2015 年 6 月，桑坦德银行宣布通过金融技术投资基金 InnoVentures 进行区块链试验。

2015 年 6 月，英国第二大银行巴克莱银行与比特币交易所 Safello 达成协议，将探索区块链技术如何应用于金融服务业。

2015 年 6 月，美国的 Overstock 公司宣布用区块链技术发行了一个加密数字债券。

2015 年 7 月，德勤推出软件平台 Rubix，它允许客户基于区块链的基础设施创建各种应用，最主要的应用还是财务审计。

2015 年 8 月，以太坊平台发布了一个新版本，并宣布可以实现任意基于区块链的应用。

2015 年 8 月，总部在中国香港的 Bitfinex 交易所突然关闭部分账户，导致比特币的价格在 24 小时内从 250 美元跌到了 211 美元，而比特币在 Bitfinex 上最低的价格是每个 162 美元。

2015 年 9 月，分布式账本初创公司 R3CEV、LLC 公司宣布和高盛、摩根大通、瑞士银行等 9 家银行结成联盟，旨在为金融行业找出基于区块链的解决方案，共享数据、想法和技术。

2015 年 9 月 30 日，R3CEV 公司宣布已增加了 13 家新的银行合作伙伴，这使得参与其区块链项目的银行总数达到了 22 家。

2016 年 1 月 5 日，全球共享金融 100 人论坛（GSF100）宣布成立"中国区块链研究联盟"。

2016 年 1 月 20 日，中国人民银行召开数字货币研讨会。消息一经发布，比特币应声上涨。24 小时内，比特币价格从 2 539 元上涨至 2 810 元，涨幅近 10%。本次会议被认为是我国对于区块链及数字货币价值的认可。

2016 年 1 月，以太坊总市值仅有 7 000 万美元，在短短 2 个月之后，以太坊市值最高上涨到 11.5 亿美元，涨幅达 1 600%。

2016 年 4 月 30 日，"The DAO" 项目开启众筹，在短短 28 天时间里，累计筹集了超过价值 1.5 亿美元的以太币，成为历史上最大的众筹项目。6 月 18 日，黑客盗取了 360 万枚以太币，价值超过 5 000 万美元。

2016 年 5 月 14 日，中国香港数字货币交易所 Gatecoin 被黑客攻击，价值超过 200 万美元的以太坊相关资产被盗。

2016 年 6 月 24 日，英镑在退欧当天的最大跌幅为 11.11%，比特币这一全球性货币在英国脱欧公投的 24 小时内需求量猛增，价格上涨 8%。

2016 年 7 月 9 日，在区块链高度 420 000 处，比特币经历了历史上第二次产量减半。每个区块的挖币奖励由 25 个减少到 12.5 个。

2016 年 7 月 20 日，在区块链世界里第二大市值的货币——以太坊硬分叉完成。7 月 25 日，全球最大的 ETH 交易所 Poloniex 网宣布上线 ETC 交易。

2016 年 8 月 4 日，全球最大比特币对美元交易平台 Bitfinex 被黑客攻击，12 万枚比特币被偷走，价值超过 7 200 万美元。在最大的美元市场遭遇被盗后，比特币市值反应剧烈，在 6 小时内下跌了 25%。

2016 年 9 月 19 日，由万向区块链实验室主办的 "区块链峰会" 在上海召开，同时进行的还有第二届以太坊开发者大会。

2016 年 10 月 29 日，首个使用 "零知识证明" 技术开发的匿名密码学货币——Zcash 发布了创世块。一枚 Zcash 的单价最高达到 3 000 比特币。

2017 年 2 月，中国人民银行旗下的数字货币研究所正式挂牌成立。

2017 年 3 月，比特币交易量持续增大。Github 上与比特币有关的项目已经超过 10 000 个。

2017 年 4 月，腾讯发布《区块链方案白皮书》，旨在打造区块链生态。

2017 年 4 月 25 日，首个"区块链大农场"推介会在上海举办。这是全球第一区块链大农场，主要用于农业物联网、农业大数据及区块链技术，提出了"平台＋基地＋农户"的管理模式。

2017 年 8 月 1 日，比特币产生硬分叉，出现新的电子加密货币比特币现金（Bitcoin Cash）。

2017 年 9 月 4 日，多部委联合发布《关于防范代币发行融资风险的公告》，启动了对 ICO 活动的整顿，叫停 ICO。

2017 年 10 月底，比特币中国、火币网、OKcoin 等三大数字货币交易平台相继宣布停止人民币交易，转战海外。

2017 年 11 月 28 日，基于以太坊的养猫游戏 CryptoKitties 问世，并且在不到一周的时间里风靡全世界。

2017 年 12 月 22 日，比特币从年初每个 6 949.07 元飙升到了 100 016.25 元，最高时更是达 130 581.23 元。在不到一年的时间里，从不到 1 万元上涨至突破 10 万元。

2017 年 12 月 18 日，全球最大的期货交易所——芝加哥商品交易所（CME）推出了自己的比特币期货合约，并以"BTC"为代码进行交易。

2017 年 12 月 19 日，韩国著名数字货币交易所 Youbit 受到黑客袭击，最终宣布破产。

2018 年 1 月 1 日，欧盟证券及市场管理局（ESMA）宣布将有权禁止区块链或分布式账簿技术（DLT）的使用。

2018年1月27日，由CIFC智库主办的"CIFC区块链技术与应用实践闭门会暨CIFC区块链联盟成立仪式"在北京举行。

2018年3月11日，召开"第二期CIFC区块链技术与应用实践闭会"，主题为"区块链＋数字经济"。

2018年3月31日，召开"2018首届'区块链＋'百人峰会暨CIFC区块链与数字经济论坛"。

2018年5月12日，由CIFC"区块链＋"百人峰会、普众研究院、中关村数字媒体产业联盟区块链专委会等联合举办的2018"区块链＋"百人峰会乌镇论坛暨2018 CIFC普众（乌镇）全球区块链大赛启动仪式在乌镇成功举行。乌镇普众区块链学院在会上正式揭牌成立。

2018年5月27日，《区块链＋赋能数字经济》在贵阳中国国际大数据产业博览会举行正式对外首次发布。

2018年6月，工信部发布《工业互联网发展行动计划（2018—2020年）》提出推进边缘计算、深度学习、增强现实、虚拟现实、区块链等新兴前沿技术在工业互联网的应用研究。

2018年11月9日，中关村管委会、北京市金融工作局和北京市科学技术委员会联合发布《北京市促进金融科技发展规划（2018—2022年）》，将区块链技术纳入北京"金融科技"发展规划的范畴。

2019年1月10日，国家互联网信息办公室发布《区块链信息服务管理规定》，自2019年2月15日起施行。

2019年4月初，国家发改委就《产业结构调整指导目录（2019年版，征求意见稿）》公开征求意见。相比起2013年发布的版本，2019指导目录在鼓励类"信息产业"中增加"大数据、云计算、信息技术服务及国家允许范围内的区块链信息服务"。

2019 年 7 月 9 日，国家邮政局鼓励以区块链等为代表的新一代信息技术应用。

2019 年 7 月 16 日，银保监会发文，鼓励银行保险机构将区块链等新技术嵌入交易环节。

2019 年 7 月 20 日，最高人民法院提出推动大数据、人工智能、区块链等现代科技与司法工作深度融合。

2019 年 7 月 29 日，教育部表示，将以人工智能为核心推动区块链等技术综合集成。

2019 年 8 月 2 日，央行提出下半年要加快推进我国法定数字货币研发步伐。

2019 年 8 月 14 日，最高人民法院牵头制定《司法区块链技术要求》《司法区块链管理规范》，指导规范全国法院数据上链。

2019 年 8 月 18 日，国务院发布关于支持深圳建设中国特色社会主义先行示范区的意见，提出支持在深圳开展数字货币研究与移动支付。

2019 年 8 月 28 日，工信部等十部门印发了《加强工业互联网安全工作的指导意见》，提出探索区块链等新技术以提升安全防护水平。

2019 年 9 月 4 日，工信部提出鼓励企业、研究机构等主体积极参与区块链等关键技术攻关和测试验证。

2019 年 9 月 12 日，国务院指出依托互联网、大数据、物联网、云计算、人工智能、区块链等新技术推动监管创新。

2019 年 9 月 19 日，国务院印发《交通强国建设纲要》，指出推动大数据、区块链等新技术与交通行业深度融合。

2019 年 10 月 18 日，中国网信办公布第二批区块链信息服务备案名单。

2019 年 10 月 24 日，中共中央政治局就区块链技术发展现状和趋势进行第十八次集体学习。

2019 年 10 月 26 日，《中华人民共和国密码法》表决通过。

2020 年 2 月 21 日，《金融分布式账本技术安全规范》（JR/T0184-2020）金融行业标准由中国人民银行正式发布。

2020 年 10 月，中国人民银行联合深圳市试点发行数字人民币。

附录 2
中华人民共和国密码法

《中华人民共和国密码法》已由中华人民共和国第十三届全国人民代表大会常务委员会第十四次会议于 2019 年 10 月 26 日通过，现予公布，自 2020 年 1 月 1 日起施行。

目　录

第一章　总　　则

第二章　核心密码、普通密码

第三章　商用密码

第四章　法律责任

第五章　附　　则

第一章　总　　则

第一条　为了规范密码应用和管理，促进密码事业发展，保障网络与信息安全，维护国家安全和社会公共利益，保护公民、法人和其他组织的合法权益，制定本法。

第二条　本法所称密码，是指采用特定变换的方法对信息等进行加密保护、安全认证的技术、产品和服务。

第三条　密码工作坚持总体国家安全观，遵循统一领导、分级负责，创新发展、服务大局，依法管理、保障安全的原则。

第四条　坚持中国共产党对密码工作的领导。中央密码工作领导机构对全国密码工作实行统一领导，制定国家密码工作重大方针政策，统筹协调国家密码重大事项和重要工作，推进国家密码法治建设。

第五条　国家密码管理部门负责管理全国的密码工作。县级以上地方各级密码管理部门负责管理本行政区域的密码工作。

国家机关和涉及密码工作的单位在其职责范围内负责本机关、本单位或者本系统的密码工作。

第六条　国家对密码实行分类管理。

密码分为核心密码、普通密码和商用密码。

第七条　核心密码、普通密码用于保护国家秘密信息，核心密码保护信息的最高密级为绝密级，普通密码保护信息的最高密级为机密级。

核心密码、普通密码属于国家秘密。密码管理部门依照本法和有关法律、行政法规、国家有关规定对核心密码、普通密码实行严格统一管理。

第八条　商用密码用于保护不属于国家秘密的信息。

公民、法人和其他组织可以依法使用商用密码保护网络与信息安全。

第九条　国家鼓励和支持密码科学技术研究和应用，依法保护密码领域的知识产权，促进密码科学技术进步和创新。

国家加强密码人才培养和队伍建设，对在密码工作中作出突出贡献的组织和个人，按照国家有关规定给予表彰和奖励。

第十条　国家采取多种形式加强密码安全教育，将密码安全教育纳入国民教育体系和公务员教育培训体系，增强公民、法人和其他组织的密码安全意识。

第十一条　县级以上人民政府应当将密码工作纳入本级国民经济和社会发展规划，所需经费列入本级财政预算。

第十二条　任何组织或者个人不得窃取他人加密保护的信息或者非法侵入他人的密码保障系统。

任何组织或者个人不得利用密码从事危害国家安全、社会公共利益、他人合法权益等违法犯罪活动。

第二章　核心密码、普通密码

第十三条　国家加强核心密码、普通密码的科学规划、管理和使用，加强制度建设，完善管理措施，增强密码安全保障能力。

第十四条　在有线、无线通信中传递的国家秘密信息，以及存储、处理国家秘密信息的信息系统，应当依照法律、行政法规和国家有关规定使用核心密码、普通密码进行加密保护、安全认证。

第十五条　从事核心密码、普通密码科研、生产、服务、检测、装备、使用和销毁等工作的机构（以下统称密码工作机构）应当按照法律、行政法规、国家有关规定以及核心密码、普通密码标准的要求，建立健全安全管理制度，采取严格的保密措施和保密责任制，确保核心密码、普通密码的安全。

第十六条　密码管理部门依法对密码工作机构的核心密码、普通密码工作进行指导、监督和检查，密码工作机构应当配合。

第十七条　密码管理部门根据工作需要会同有关部门建立核心密码、普通密码的安全监测预警、安全风险评估、信息通报、重大事项会商和应急处置等协作机制，确保核心密码、普通密码安全管理的协同联动和有序高效。

密码工作机构发现核心密码、普通密码泄密或者影响核心密码、普通密码安全的重大问题、风险隐患的，应当立即采取应对措施，并及时向保密行政管理部门、密码管理部门报告，由保密行政管理部门、密码管理部门会同有关部门组织开展调查、处置，并指导有关密码工作机构及时消除安全隐患。

第十八条　国家加强密码工作机构建设，保障其履行工作职责。

国家建立适应核心密码、普通密码工作需要的人员录用、选调、保密、考核、培训、待遇、奖惩、交流、退出等管理制度。

第十九条　密码管理部门因工作需要，按照国家有关规定，可以提请公安、交通运输、海关等部门对核心密码、普通密码有关物品和人员提供免检等便利，有关部门应当予以协助。

第二十条　密码管理部门和密码工作机构应当建立健全严格的监督和安全审查制度，对其工作人员遵守法律和纪律等情况进行监督，并依法采取必要措施，定期或者不定期组织开展安全审查。

第三章　商用密码

第二十一条　国家鼓励商用密码技术的研究开发、学术交流、成果转化和推广应用，健全统一、开放、竞争、有序的商用密码市场体系，鼓励和促进商用密码产业发展。

各级人民政府及其有关部门应当遵循非歧视原则，依法平等对待包括外商投资企业在内的商用密码科研、生产、销售、服务、进出口等单位（以下统称商用密码从业单位）。国家鼓励在外商投资过程中基于自愿原则和商业规则开展商用密码技术合作。行政机关及其工作人员不得利用行政手段强制转让商用密码技术。

商用密码的科研、生产、销售、服务和进出口，不得损害国家安全、社会公共利益或者他人合法权益。

第二十二条　国家建立和完善商用密码标准体系。

国务院标准化行政主管部门和国家密码管理部门依据各自职责，组织制定商用密码国家标准、行业标准。

国家支持社会团体、企业利用自主创新技术制定高于国家标准、行业标准相关技术要求的商用密码团体标准、企业标准。

第二十三条　国家推动参与商用密码国际标准化活动，参与制定商用密码国际标准，推进商用密码中国标准与国外标准之间的转化运用。

国家鼓励企业、社会团体和教育、科研机构等参与商用密码国际标准化活动。

第二十四条　商用密码从业单位开展商用密码活动，应当符合有关法律、行政法规、商用密码强制性国家标准以及该从业单位公开标准的技术要求。

国家鼓励商用密码从业单位采用商用密码推荐性国家标准、行业标准，提升商用密码的防护能力，维护用户的合法权益。

第二十五条　国家推进商用密码检测认证体系建设，制定商用密码检测认证技术规范、规则，鼓励商用密码从业单位自愿接受商用密码检测认证，提升市场竞争力。

商用密码检测、认证机构应当依法取得相关资质，并依照法律、行政法规的规定和商用密码检测认证技术规范、规则开展商用密码检测认证。

商用密码检测、认证机构应当对其在商用密码检测认证中所知悉的国家秘密和商业秘密承担保密义务。

第二十六条　涉及国家安全、国计民生、社会公共利益的商用密码产品，应当依法列入网络关键设备和网络安全专用产品目录，由具备资格的机构检测认证合格后，方可销售或者提供。商用密码产品检测认证适用《中华人民共和国网络安全法》的有关规定，避免重复检测认证。

商用密码服务使用网络关键设备和网络安全专用产品的，应当经商用密码认证机构对该商用密码服务认证合格。

第二十七条　法律、行政法规和国家有关规定要求使用商用密码进行保护的关键信息基础设施，其运营者应当使用商用密码进行保护，自行或者委托商用密码检测机构开展商用密码应用安全性评估。商用密码应用安全性评估应当与关键信息基础设施安全检测评估、网络安全等级测评制度相衔接，避免重复评估、测评。

关键信息基础设施的运营者采购涉及商用密码的网络产品和服务，可能影响国家安全的，应当按照《中华人民共和国网络安全法》的规定，通过国家网信部门会同国家密码管理部门等有关部门组织的国家安全审查。

第二十八条　国务院商务主管部门、国家密码管理部门依法对涉及国家安全、社会公共利益且具有加密保护功能的商用密码实施进口许可，对涉及国家安全、社会公共利益或者中国承担国际义务的商用密码实施出口管制。商用密码进口许可清单和出口管制清单由国务院商务主管部门会同国家密码管理部门和海关总署制定并公布。

大众消费类产品所采用的商用密码不实行进口许可和出口管制制度。

第二十九条　国家密码管理部门对采用商用密码技术从事电子政务电子认证服务的机构进行认定，会同有关部门负责政务活动中使用电子签名、数据电文的管理。

第三十条　商用密码领域的行业协会等组织依照法律、行政法规及其章程的规定，为商用密码从业单位提供信息、技术、培训等服务，引导和督促商用密码从业单位依法开展商用密码活动，加强行业自律，推动行业诚信建设，促进行业健康发展。

第三十一条 密码管理部门和有关部门建立日常监管和随机抽查相结合的商用密码事中事后监管制度，建立统一的商用密码监督管理信息平台，推进事中事后监管与社会信用体系相衔接，强化商用密码从业单位自律和社会监督。

密码管理部门和有关部门及其工作人员不得要求商用密码从业单位和商用密码检测、认证机构向其披露源代码等密码相关专有信息，并对其在履行职责中知悉的商业秘密和个人隐私严格保密，不得泄露或者非法向他人提供。

第四章 法律责任

第三十二条 违反本法第十二条规定，窃取他人加密保护的信息，非法侵入他人的密码保障系统，或者利用密码从事危害国家安全、社会公共利益、他人合法权益等违法活动的，由有关部门依照《中华人民共和国网络安全法》和其他有关法律、行政法规的规定追究法律责任。

第三十三条 违反本法第十四条规定，未按照要求使用核心密码、普通密码的，由密码管理部门责令改正或者停止违法行为，给予警告；情节严重的，由密码管理部门建议有关国家机关、单位对直接负责的主管人员和其他直接责任人员依法给予处分或者处理。

第三十四条 违反本法规定，发生核心密码、普通密码泄密案件的，由保密行政管理部门、密码管理部门建议有关国家机关、单位对直接负责的主管人员和其他直接责任人员依法给予处分或者处理。

违反本法第十七条第二款规定，发现核心密码、普通密码泄密或者影响核心密码、普通密码安全的重大问题、风险隐患，未立即采取应对措施，或者未及时报告的，由保密行政管理部门、密码管理部门建议有关国家机关、单位对直接负责的主管人员和其他直接责任人员依法给予处分或者处理。

第三十五条 商用密码检测、认证机构违反本法第二十五条第二款、第三款规定开展商用密码检测认证的，由市场监督管理部门会同密码管理部门责令改正或者停止违法行为，给予警告，没收违法所得；违法所得三十万元以上的，可以并处违法所得一倍以上三倍以下罚款；没有违法所得或者违法所得不足三十万元的，可以并处十万元以上三十万元以下罚款；情节严重的，依法吊销相关资质。

第三十六条　违反本法第二十六条规定，销售或者提供未经检测认证或者检测认证不合格的商用密码产品，或者提供未经认证或者认证不合格的商用密码服务的，由市场监督管理部门会同密码管理部门责令改正或者停止违法行为，给予警告，没收违法产品和违法所得；违法所得十万元以上的，可以并处违法所得一倍以上三倍以下罚款；没有违法所得或者违法所得不足十万元的，可以并处三万元以上十万元以下罚款。

第三十七条　关键信息基础设施的运营者违反本法第二十七条第一款规定，未按照要求使用商用密码，或者未按照要求开展商用密码应用安全性评估的，由密码管理部门责令改正，给予警告；拒不改正或者导致危害网络安全等后果的，处十万元以上一百万元以下罚款，对直接负责的主管人员处一万元以上十万元以下罚款。

关键信息基础设施的运营者违反本法第二十七条第二款规定，使用未经安全审查或者安全审查未通过的产品或者服务的，由有关主管部门责令停止使用，处采购金额一倍以上十倍以下罚款；对直接负责的主管人员和其他直接责任人员处一万元以上十万元以下罚款。

第三十八条　违反本法第二十八条实施进口许可、出口管制的规定，进出口商用密码的，由国务院商务主管部门或者海关依法予以处罚。

第三十九条　违反本法第二十九条规定，未经认定从事电子政务电子认证服务的，由密码管理部门责令改正或者停止违法行为，给予警告，没收违法产品和违法所得；违法所得三十万元以上的，可以并处违法所得一倍以上三倍以下罚款；没有违法所得或者违法所得不足三十万元的，可以并处十万元以上三十万元以下罚款。

第四十条　密码管理部门和有关部门、单位的工作人员在密码工作中滥用职权、玩忽职守、徇私舞弊，或者泄露、非法向他人提供在履行职责中知悉的商业秘密和个人隐私的，依法给予处分。

第四十一条　违反本法规定，构成犯罪的，依法追究刑事责任；给他人造成损害的，依法承担民事责任。

第五章　附　则

第四十二条　国家密码管理部门依照法律、行政法规的规定，制定密码管理规章。

第四十三条　中国人民解放军和中国人民武装警察部队的密码工作管理办法，由中央军事委员会根据本法制定。

第四十四条　本法自 2020 年 1 月 1 日起施行。